# 相與人生

## 前Google資料科學家
## 用大數據，找出致富、職涯與婚姻的人生解答

人會說謊，但大數據不會！

賽斯・史蒂芬斯—大衛德維茲 Seth Stephens-Davidowitz——著
李立心、李力行——譯

# Don't Trust Your Gut
## Using Data to Get What You Really Want in Life

# 目錄 CONTENTS

前言

# 一個資料科學家的成功心法

在大數據（Big Data）的幫助下，你可以做出更好的人生決定。

我們正經歷一場寧靜革命，徹底翻轉我們對人生大多數重要領域的理解，這都要感謝網路及它所創造的數據。過去幾年來，學者爬梳了各種巨量資料集（dataset），從OkCupid的訊息到維基百科（Wikipedia）的條目，再到臉書（Facebook）上的感情狀況，他們透過這數千或數百萬的資料點，首度就幾個基本問題提出可信的答案。這些問題包括：

- 好父母具備哪些特質？
- 誰是隱藏版富翁及為什麼？
- 成為名人的機率有多高？
- 為什麼有些人感覺運氣特別好？
- 從哪些指標可以預測婚姻是否幸福？
- 整體而言，什麼事情會令人開心？

數據揭露的答案可能往往出乎意料，而且會建議你做出與原訂計畫不同的決定。簡單來說，滿坑滿谷的新數據蘊含可以幫助你或某個你認識的人，做出更好決策的觀點。

以下是研究人員研究人生中非常不同的面向後，得到的結果：

**實例一**：假設你現在單身，約不到對象，希望盡可能按照他人的建議改進自己，認真穿搭、美白牙齒，還砸大錢換新髮型，但是你仍然約不到人。

大數據帶給你的新觀點或許會有幫助。

數學家暨作家克里斯蒂安．魯德（Christian Rudder）研究 OkCupid 上的數千萬筆偏好資料後，了解網站上最成功的約會對象具備哪些特質。他發現（結果一點都不令人意外），最有價值的約會對象就是那些天生俊美的人，也就是那個世界裡的布萊德．彼特（Brad Pitt）和娜塔麗．波曼（Natalie Portman）。

不過他也在那一堆資料中發現，還有另一群表現突出的人：長相極為獨特的約會對象。想像一下，有個人頂著一頭藍色頭髮、展露身體藝術、眼鏡風格狂野，或理了一顆大光頭。

為什麼這些人表現好呢？這些非傳統的約會對象之所以會成功，[1] 關鍵在於即便許多人不受吸引，或是覺得他們毫無魅力，有些人卻**確實**深受吸引。在交友的世界裡，這才是最重要的一點。

交友時，除非你的外貌極為出眾，否則按照魯德的說法，最佳策略就是要拿到「超多好、超多不好，但是很少反應冷淡。」魯德發現，這樣的策略可以讓你收到的訊息數量增加七成左右。數據告訴你，只要化身為極端的自己，就會有人覺得你很有魅力。

**實例二**：假設妳剛生下一個寶寶，*現在要選擇在哪個社區養大孩子。妳知道該怎麼做，可以向朋友打聽、上網搜尋基本條件、去看幾棟房子。看吧！妳就這樣幫自己的家庭找到一棟房子，大概會覺得這件事沒有什麼科學可言。

但是，現在搜尋社區也有科學依據了。

研究人員近來利用最新的數位化稅務資料，探究數千萬美國人的人生軌跡。科學家發現，在特定城市中長大，甚至是在這些城市裡的特定街區，可以大幅提升一個人一生的成就。而且這些超棒的社區不盡然和大家所想的相同，也未必是房價最高的。現在已經有一些根據大規模資料分析結果彙整出地圖，可以讓家長參考，依據大規模的資料分析結果，了解美國每個小社區的居住品質。

還不只這樣，研究人員也利用數據找到這些最適合育兒的社區有哪些共通點；在過程中，他們推翻許多傳統育兒經。拜大數據所賜，我們終於可以告訴家長，如果想培育出成功的孩子，哪些事最重要（提示：成人典範），又有哪些事情的重要性低上許多（提示：最高檔的學校）。

**實例三**：假設你是胸懷大志的藝術家，卻覺得自己總是遇到瓶頸。你拜讀所有領域內書籍、尋求朋友的回饋，也一次又一次地修改作品。但是好像不管怎麼做都沒用，你搞不清楚自己到底哪裡做錯了。

大數據告訴你，你可能犯下一個錯誤。

賽繆爾·弗萊柏格（Samuel P. Fraiberger）近來領導團隊進行一項研究，剖析上萬名畫家的職涯軌跡，結果發現有些藝術家能夠成功，有些卻沒辦法，背後其實潛藏著一套規則。[2]這個決定藝術家名聲響亮或沒沒無聞的祕密是什麼？

關鍵往往在於，他們呈現作品的方式。數據告訴我們，那些未曾走紅的藝術家經常在相同場所反覆展示自己的作品；相反地，那些闖出名堂的藝術家展出作品的地點則更為廣大，讓他們有更多機會被伯樂撞見。

---

* Mazel tov!（譯注：猶太文的恭喜。）

許多人都提過，職涯發展上「現身」有多麼重要，但是資料科學家發現，出現在許多不同的地方才是關鍵。

本書的目標不只是提供建議給單身族、新手父母或胸懷大志的藝術家，雖然這些族群確實可以多獲得一些啟示，但我的目標是要為讀者提供一些從嶄新、巨大資料集中獲得的啟示，不管你走到哪一個人生階段，都能從中學到一些什麼。我們會介紹一些資料科學家近期的研究結果，告訴你怎麼變得更快樂、看起來更好看、事業更成功等。之所以想要撰寫本書，要從我在觀看棒球賽的某個傍晚說起。

## 投出人生的「魔球」

我和其他棒球迷不得不注意到，棒球賽事和三十年前截然不同。當我還是一個小男孩，為了喜愛的紐約大都會隊（New York Mets）歡呼時，棒球隊的決策都是憑感覺和直覺，要不要觸擊或盜壘，端看球隊經理的感覺；球隊要簽下哪些球員，也是憑球探的個人印象。

然而進入二十世紀下半葉，棒球界開始出現更理想的做法。小時候，父親每年都會帶一本比爾．詹姆斯（Bill James）的新書回家。詹姆斯是一家堪薩斯州豬肉與豆類罐頭廠的夜班保全，同時也是超級棒球迷，他有一套非典型的賽事分析方法：剛問世的電腦與數位化資料。詹姆斯及其同事被稱為賽伯計量學家（Sabermetrician）。* 他們透過數據分析發現，球隊常憑直覺做出的決定有很多都錯得離譜。

球隊應該做幾次觸擊？賽伯計量學家表示，應該要比現在少得多。應該多常盜壘？最好都不要。常常被四壞球保送的球員價值有多高？比球隊想得還高。球隊應該簽下誰？更多大學投手。

我父親不是唯一一個深受詹姆斯作品吸引的人，前職棒球員轉任棒球隊高層的比利．比恩（Billy Beane）也是詹姆斯的超級粉絲，而且在他成為奧克蘭運動家隊（Oakland Athletics）總經理後，決定依據賽伯計量學的原則經營球隊。[3] 比恩締造非凡的成果，如同《魔球》（*Moneyball*）這本書籍與電影的著名內容所述，

* 譯注：賽伯計量學（Sabermetrics）也被稱為棒球紀錄統計分析、棒球統計學。

運動家隊雖然在棒球界提供最低的薪資，卻在二〇〇二年和二〇〇三年接連打進季後賽。從此以後，棒球界的統計分析大爆發。坦帕灣光芒隊（Tampa Bay Rays）被譽為「比《魔球》的運動家隊本身更《魔球》的球隊。」[4]雖然提供的薪資在棒球界位居倒數第三，但在二〇二〇年仍打進世界大賽（World Series）。

此外，「魔球」的原則與背後強而有力的概念——數據有助於修正我們的偏見，也改變了其他機構，例如美國國家籃球協會（National Basketball Association, NBA）。NBA球隊愈來愈仰賴統計分析，追蹤每次投籃的軌跡。[5]研究人員在三百萬次投籃的數據中發現，有些投籃的軌跡遠遠偏離最佳投籃軌跡，結果平均NBA球員跳投時，因為距離太短而落空機率是因為距離太長而落空機率的兩倍。此外，或許是因為怕打到籃板，當球員從角落投籃落空時，較常見的狀況是球太靠球場內側，偏離籃板太遠。這些年來，球員利用類似這類資訊修正上述偏誤，進球的次數也隨之增加。

長期以來，矽谷的公司基本上都根據「魔球」原則設立。我之前在Google擔任資料科學家，Google顯然深信數據的力量可以幫助我們做出重大決定。曾有一個出名的故事是，一位程式設計師因為不滿Google常常偏好數據，卻忽略受過訓練的設計師直覺而決定離職。壓垮他的最後一根稻草是Google的一項實驗，那項實驗在Gmail的廣告連結上套用四十一種不同的藍色陰影，看哪一種會得到最多使用者點擊。[6]那位設計師或許覺得很懊惱，但是據估計，那項實驗每年為Google多賺進兩億美元的廣告收益，[7]而Google在建立一兆八千億美元的企業時，對數據的信仰從未動搖。如同Google前執行長艾立克・施密特（Eric Schmidt）所言：「上帝，我們相信。其他人請先準備好數據再說。」[8]

另一個例子則是，世界知名數學家暨文藝復興科技（Renaissance Technologies）創辦人詹姆斯・西蒙斯（James Simons），將嚴謹的數據分析帶進華爾街。他和量子分析團隊建立前所未有的股價與真實世界事件資料庫，並透過資料分析找出規則。企業公布盈餘後，股價通常怎麼變化？麵包短缺如何影響股價？媒體報導又如何影響企業股價？

從創立之初，文藝復興科技的旗艦級大獎章基金（Medallion fund）就完全依據數據規則進行交易，現在這檔基金每年扣除費用前的報酬率高達六六%。[9]同一期間，標準普爾五百指數（S&P 500）每年投資報酬率僅一〇%。肯尼斯・弗倫奇（Kenneth French）是提出效率市場假說（Efficient Market Hypothesis, EMH）的經濟學家之一，依據該假說，投資人的績效基本上不可能顯著贏過標準普爾五百指數。弗倫奇如此解讀文藝復興科技的成功：「看來他們就是比我們其他人更厲害。」[10]

但是我們要怎麼為自己的人生做出重大決定？該如何決定要和誰結婚、如何找到對象、把時間花在哪裡、要不要接受某份工作？

我們比較像二〇〇二年的運動家隊，還是當年的其他棒球隊？比較像Google，還是傳統雜貨店？比較像文藝復興科技，還是傳統的基金經理人？

我會認為，我們大部分的人在多數時間都極度仰賴直覺做出重大決定。我們或許會諮詢親朋好友或是自稱人生導師的人，也或許會瀏覽一些其實沒有什麼根據的建議。我們或許會瞄一眼非常基本的數據，然後就憑感覺做事。

觀看棒球賽時，我禁不住想著，如果我們能依據數據做出人生中最重大的那些決定，會有怎麼樣的結果？我們能否利用比恩經營運動家隊的方式，經營自己的人生？

我之前就知道這種過生活的方法，可行性愈來愈高。我的前一本書《數據、謊言與真相》（*Everybody Lies*）探討這些因為網路而出現的新數據，如何改變我們對社會與人腦的理解。棒球會出現統計革命，或許要感謝那些為了數據著迷的粉絲積極索取並蒐集的數據。現在，「人生版魔球」（Lifeball）的革命，則是靠智慧型手機與電腦蒐集資料成真。

試想以下這個還算重要的問題：哪些事情會讓人快樂？

在二十世紀，無法利用數據對這個問題做出嚴謹、有系統的答覆。「魔球」革命席捲棒球界時，賽伯計量學家分析各場賽事的數據得出答案，那些數據都是每一次忠實記錄的成果。但是當時資料科學家還沒有人生版的賽局數據，來參透人生決策與相應的情緒。那時候快樂和棒球不同，還無法落實嚴謹的量化研究。

但是現在可以了。喬治．馬卡龍（George MacKerron）和蘇珊娜．莫拉塔（Susana Mourato）這類傑出學者，利用iPhone打造出史上最大的快樂資料集，[11]並將該計畫稱為「量測快樂」（Mappiness）。研究人員招募數萬名使用者，在一天內不斷用智慧型手機發送通知給他們。受試者要回答一些很簡單的問題，像是現在在做什麼、和誰在一起，以及有多開心等。研究團隊藉此建立包含超過三百萬個快樂資料點的資料集，遠遠超越往年快樂研究裡數十個資料點的量級。

透過研究這數百萬個資料點得出的發現中，有些令人生氣，例如運動迷因為支持的隊伍落敗而感受到的痛苦，多於隊伍獲勝時得到的快樂；有些反直覺，例如在做家事時喝酒與朋友聚會時喝酒相比，前者由酒精帶來的快樂更多；還有些發人深省，例如工作往往讓人憂愁，除非能和朋友一起工作。

但是無論如何，這些研究發現都很實用。你是否曾想過，天氣對我們的心情造成的影響確切來說會有多大？哪些活動往往系統性地讓我們誤判它們帶來的快樂程度？金錢在快樂中確切扮演什麼角色？所處的環境有多大程度決定我們的感受？拜馬卡龍、莫拉塔及其他學者所賜，我們現在針對這些問題都找出可信的答案，這些答案在第八章和第九章會提及。我甚至以一個可靠的「幸福快樂方程式」為本書作結，該方程式是數百萬筆智慧型手機數據揭露的結果，我稱為「靠數據覓得的人生解答」。

在那次觀看球賽得到啟發後的四年期間，我全心全意投入密集的研究中。我和學者對談、閱讀學術論文，拚命鑽研所有論文的附錄。我幾乎百分之百確定，沒有學者想過有人會這樣詳讀論文附錄。我也做出自己的研究與解讀，在我的眼中，自己的工作就是要找出婚姻、育兒、運動成就、財富、創業、運氣、風格及快樂，這幾個競技場上的詹姆士，並且讓你們每個人都成為自己人生的比恩。現在，已經準備好向各位報告我的一切所學。

就稱為「你人生的魔球」吧！

## 乍看違反直覺的決定，反而是對的

在我初探這項研究前，詢問自己幾個基本問題。建立在「魔球」原則上的人生可能會是什麼模樣？如果我們像運動家隊或光芒隊一樣，憑藉數據而非直覺，會做出什麼樣的決策？在後《魔球》時代，觀看棒球比賽有一個特別的驚人之處，就是有些依據統計分析的棒球隊做出的決定似乎……有點奇怪，以內野手的位置為例。

後《魔球》時代，棒球隊愈來愈常投入「內野守備布陣」（infield shift）。他們把許多守備人員集中到場上同一個區域，放任好幾個大範圍區域完全無人防守，似乎是全面開放打者猛攻。在傳統球迷的眼裡，這種內野守備布陣無疑是瘋了。但是其實一點也不瘋狂，這類布陣有數據佐證，靠著數據推估特定球員最可能把球擊向哪個位置。[12]棒球隊從數據中得知，即使這件事看似錯誤，但實際上卻是正確的。

如果我們把「魔球」的套路應用到人生中，或許也會發現那些乍看之下很怪的決定——姑且稱為人生版內野守備布陣，其實完全合理。

我們剛才已經討論幾個例子。理光頭或是把頭髮染成藍色，好吸引更多人和你約會，這就是人生版內野守備布陣。再介紹另一個例子，這是銷售大數據告訴我們的結論。

假設你想販售某樣東西。這可說是近年來愈來愈常見的需求，就像丹尼爾．品克（Daniel Pink）在《未來在等待的銷售人才》（*To Sell Is Human*）中提到的，不管是「向同事提案、說服出資者、（或）哄騙小孩……我們如今都是在銷售。」[13]

總之，不管要推銷的是什麼，你都會盡力去做。

你寫了提案書。（這很好！）練習提案。（很好！）你好好睡了一覺。（很好！）吃了一頓豐盛的早餐。（很好！）你克服緊張，站上講台。（很好！）然後在你正式開始推銷時，還記得要用真誠、露齒的大大微笑傳達自己的雀躍。（這就不太好。）

近期有一項研究，分析銷售人員的情緒表現對銷售數字的影響。

**資料組成**：九萬九千四百五十一次在零售平台上直播的銷售經驗。（Amazon Live讓人透過影片向潛在顧客推銷自己的產品。近來，有愈來愈多人透過Amazon Live這類直播服務購買商品。）研究人員除了可以看到每一次銷售的影片外，還取得那些產品後來的銷售數據。（他們也掌握產品的資料、價格及賣家是否提供免運。）

**研究方法**：人工智慧（Artificial Intelligence, AI）與深度學習（deep learning）。研究人員

將六千兩百三十二萬個影格轉換成數據。人工智慧可以特別針對影片中銷售人員的情緒表現進行編碼。銷售人員看起來在生氣嗎？感覺噁心、害怕、驚訝、難過或是開心？

**結果**：研究人員發現，銷售人員的情緒表現是預測產品銷售狀況的重要指標。毫不令人意外地，當銷售人員表現出生氣或噁心這類負面情緒時，銷售數字就會較差，憤怒無法促進銷售。讓人較為詫異的結果是，當銷售人員顯露出如開心或驚喜等強烈的正面情緒時，銷售數字也會較差，喜悅也無法促進銷售。如果想要提振銷售量，銷售人員應該控制自己的興奮程度，不要掛上微笑，而是維持撲克臉，[14]這個舉動創造的價值大約是提供免運的兩倍。

推銷產品時，你不該對自己的產品表現出強烈的熱情。聽起來似乎不太對，但數據卻表明這是對的。

## 從《數據、謊言與真相》到《數據、真相與人生》

讓我稍微暫停，在此向我第一本著作《數據、謊言與真相》的讀者解釋一下，為什麼要撰寫現在這本書。你們之中或許有些人是因為喜歡前一本書，才受到新書吸引。如果這完全不是你拿起本書的理由，或許我可以在接下來幾個段落說服你，第一本著作也值得購買，讓我來試試看。

在《數據、謊言與真相》一書中，我討論了自己的研究，介紹我們如何運用Google搜尋揭露人們真實的想法與作為。我把Google搜尋稱為「數位版誠實豆沙包」（digital truth serum），因為人們在搜尋引擎上實在太誠實了。此外，我把Google搜尋稱為研究人類心理學史上最重要的資料集。、我指出：

- 種族歧視的Google搜尋內容，成功預測巴拉克．歐巴馬（Barack Obama）在二〇〇八年和二〇一二年大選中表現不如預期的地區。
- 人們很常在Google搜尋中輸入一整句話，像是「我痛恨我的老闆」、「我喝醉了」，或「我愛女友的胸部」。
- 在印度，以「我丈夫想要我……」開頭的Google搜尋中，列在最上方的搜尋紀錄是「我丈夫想要我親餵他喝奶」。在Google搜尋上，印度使用者希望取得如何親餵丈夫的建言，搜尋量幾乎和如何親餵嬰兒一樣多。

- 在Google上搜尋自助墮胎，幾乎百分之百集中在美國難以合法墮胎的地區。
- 男性對如何增大陰莖的資訊搜尋量，超過吉他怎麼調音、如何換輪胎或做歐姆蛋。其中一個和陰莖相關的搜尋，就是「我的陰莖有多大？」

在第一本著作的最後，我提議下一本書應該叫做《數據、（更多）謊言與真相》（*Everybody (Still) Lies*），然後繼續探索Google搜尋教會我們的事。抱歉，我想我當時說謊了。這不奇怪，畢竟我開宗明義就說「大家都會說謊」*。

本書表面上看來與前一本著作截然不同，如果你希望進一步了解男性對生殖器的搜尋相關分析，一定會大失所望。好啦！我再多說一點。你知道男生有時候會在Google搜尋輸入完整的句子，然後開頭是他們的陰莖尺寸嗎？[15] 例如他們會在Google搜尋列鍵入：「我的陰莖有五吋。」然後如果你分析所有這類搜尋內容，就會發現呈報給Google，

* 譯注：《數據、謊言與真相》原文書名為*Everybody Lies*，直譯就是「大家都會說謊」。

接近常態分配的陰莖尺寸中間值大約是五吋（即十二．七公分）。

不過，現在讓我們脫離那份關於Google搜尋數據的古怪世界研究。就像我剛剛說的，詳細內容可以參見《數據、謊言與真相》。

有別於《數據、謊言與真相》，本書中提到的多數研究都是別人做的，而不是我本人。本書更為實際，緊扣著自我提升，而不是隨機探索現代生活的不同面向。此外，本書相較於前一本著作而言，關於性愛的討論篇幅明顯較少。本書討論到性愛的部分，不會把重點放在私密的性慾或人們的不安全感（那是前一本著作的一大重點），而是限縮在

**Google搜尋「我的陰莖有________」的次數**

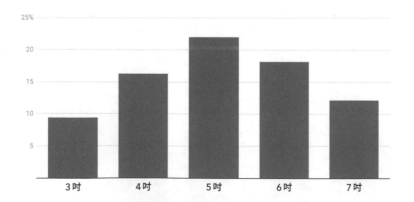

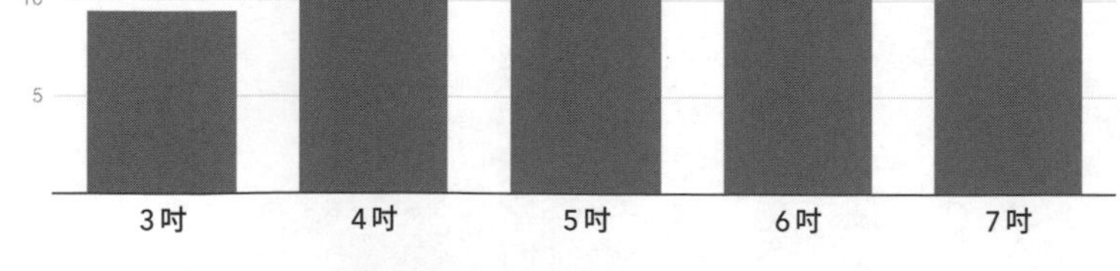


製表：賽斯．史蒂芬斯－大衛德維茲（Seth Stephens-Davidowitz），《數據、真相與人生》。
資料來源：Google搜尋趨勢（Google Trends）。以Datawrapper製圖。

討論性愛是否會讓人快樂這件事（劇透一下：答案是會）。

不過我確實認為以本書承接上一本著作再自然不過，有以下兩個原因。

第一，會撰寫本書的部分原因是，看到「讀者真正想要什麼」而非「讀者自稱想要什麼」的數據。在我寫完《數據、謊言與真相》之後，做了一件任何優秀的市場調查人員都會做的事：詢問讀者哪些內容讓他們最有共鳴。大多數人都告訴我，他們對書中關於兒童虐待或社會不公等全球最重大問題，與可能的解決方案特別感興趣。

但是身為《數據、謊言與真相》的作者，我很懷疑大家給的答案，想再看看其他數據，類似數位版誠實豆沙包那樣的東西。我查看亞馬遜（Amazon）Kindle版裡，讀者在本書中畫線最多的段落，結果發現大家常常在如何改善人生的段落畫線，反而很少在讀到如何讓世界更美好的段落這麼做。我的結論是，無論自己承認與否，人們都想要自助。

有一項針對亞馬遜Kindle數據的更大規模研究，得到和我類似的結論。研究人員抽樣大量書籍後發現，「你」這個字出現在最多人畫重點句子裡的機率，是在其他句子中出現的十二倍。換句話說，人們真的非常喜歡包含「你」的句子。[16]

因此，本書第一段是這麼寫的：「在大數據的幫助下，**你**可以做出更好的人生決定。」這是基於數據而非直覺寫成的第一段，出現在以幫助你提升心想事成的機率為目標的書籍裡，你喜歡嗎？

深入研究史上熱門書籍後會發現，那些可以幫助讀者自助的書籍深受歡迎。我檢視歷史上所有的暢銷書，[17]在非小說類中，第一大類就是心理勵志（約占史上最暢銷非小說類書籍四二%），第二大類是名人回憶錄（二八%），第三大類則是性愛研究（八%）。我想表達的是，將依循數據先撰寫這本心理勵志類書籍，之後再寫一本《性愛數據》（*Sex: The Data*）。然後期待我可以有足夠的名氣，有名到出版《賽斯回憶錄：靠著遵循書籍暢銷數據一炮而紅的作家》（*Seth: Memoir of the Author Who Got Famous by Following the Data on What Books Sell*）。

第二，《數據、謊言與真相》和《數據、真相與人生》的關聯是，本書的重點也是利用數據揭露當代人生的祕密。數據之所以可以幫助我們做出更好的決定，其中一個原因就是世界上有許多基本事實不為人知，而大數據揭露那些人生順遂者的祕密。

來看看這個祕密：誰是有錢人？知道這件事顯然可以幫助所有想賺更多錢的人，但是想要了解這一點卻不容易，因為很多有錢人不希望其他人知道他們是富翁。

近期有一項利用最新數位化稅務資料進行的研究，做出截至目前為止，針對有錢人所做的最全面性研究。[18]研究人員發現，典型的美國富翁不是科技巨擘、企業大老，或是其他可能自然浮現在你腦海中的人。套用作者所說的，典型的有錢美國人是「區域型事業」擁有者，像是「汽車經銷商或飲料配銷商」。誰會知道這種事？！我將在第四章說明為什麼會得出這樣的結果，以及這樣的研究對我們如何挑選職業具有什麼意義。

媒體只挑選特定的故事報導，其實是在欺騙我們，或者至少讓我們對世界的運作方式產生誤解。利用數據擊破那些謊言，就可以找到有助於我們做決定的資訊。

例如，年齡與創業成功的關聯性。數據顯示，媒體報導讓我們對創業家一般在幾歲創業出現認知偏差。近期研究發現，商業雜誌報導的創業家平均年齡是二十七歲，[19]媒體很喜歡散布少年得志者創造大公司的誘人故事。

不過，創業家事實上通常都是幾歲創業呢？近期一項研究瀏覽所有創業家的資料，結果發現成功的創業家平均創業年齡是四十二歲。[20]創業成功的機率會隨著年齡增長而提高，[21]直到六十歲前都維持這樣的趨勢。此外，創業上的年齡優勢即使在科技圈，這個多數人相信唯有年輕人才能掌握新工具的領域一樣適用。[22]

對於那些已屆中年、認為自己早已失去創業機會的人來說，年齡優勢放諸所有創業領域皆準這件事，顯然是一個有用的資訊。在第五章中，我們還會再擊破幾個關於創業成就的迷思，並介紹數據揭露的可靠創業方程式，幫助你最大化創業成功的機率。

當你透過數據了解世界實際的運作方式，並且懂得避開個人與媒體的謊言時，你就準備好做出更好的人生選擇。

## 從問上帝到憑感覺，再到信數據

在《人類大命運》（*Homo Deus*）的最後一章中，作者尤瓦爾・諾瓦・哈拉瑞（Yuval Noah Harari）寫道，我們正在經歷「巨大的宗教革命，這是十八世紀以來從未看過的。」哈拉瑞表示，這個新的宗教就是「數據教」（Dataism），[23]或者說是對數據的信仰。

我們是怎麼走到這裡的？

人類史上有很長一段時間，世界上多數受過教育的人無疑都把至高無上的權威給了上帝。哈拉瑞寫道：「當人們不知道該和誰結婚、要選擇什麼樣的職業，或是要不要開戰時，就會拜讀《聖經》，並遵循它的指引。」

哈拉瑞表示，人文革命（humanist revolution）發生在十八世紀，人類開始質疑以上帝為核心的世界觀。伏爾泰（Voltaire）、約翰・洛克（John Locke）和我最喜歡的哲學家大衛・休謨（David Hume）等學者指出，上帝是人類靠想像力虛構出來的，《聖經》的規則充滿漏洞。這些哲學家主張，既然沒有外在的威權可以引領我們，人類應該引領自己。哈拉瑞指出，在人文主義時代，做重大決定的方式包括「傾聽自己的聲音」、「看夕陽」、「寫私人日記」，以及「和好友來一場交心對談」。

哈拉瑞提到，數據主義革命（Dataist revolution）方興未艾，可能需要數十年或更久才會完全為人所接受。數據主義質疑人文主義那種以感覺為核心的世界觀。對個人感受的信仰其實和宗教信仰的狀態類似，遭到生命科學家與生物學家質疑。用哈拉瑞的話來說，這些學者發現「生物就是演算法」，[24]而感受只是「生化計算的過程」。

此外，傳奇行為科學家阿莫斯・特沃斯基（Amos Tversky）、丹尼爾・康納曼（Daniel Kahneman）等人發現，我們的感覺往往會害自己誤入歧途。特沃斯基和康納曼告訴我們，人腦充滿各種偏見。25

你覺得自己的直覺可信嗎？他們表示並非如此。我們往往太過樂觀、高估那些令人一聽就忘不了故事的普遍程度；我們會緊緊抓住符合自己想相信事物的資訊；我們會錯誤認定自己有辦法解釋，那些有時候根本無法預測的事件，像這樣的偏見不勝枚舉。

人文主義者或許會認為，「傾聽自己的聲音」聽起來既暢快又浪漫。但是坦白說，在讀完最新一期的《心理學評論》（*Psychological Review*），或維基百科的精彩文章〈認知偏誤列表〉（List of cognitive biases）後，「傾聽自己的聲音」聽起來很危險。

最後，大數據革命在傾聽自己的聲音之外，提供我們另一個選擇。在人文主義者看來，自己的直覺、旁人的建議似乎是我們在無神的世界裡，唯一可以仰賴的智慧來源，但是現在資料科學家可望藉由建立並分析巨大資料集，幫助我們擺脫偏見。

再次引述哈拉瑞的話：「在二十一世紀，感受不再是世界上最佳的演算法。我們正在開發更進階的演算法，徹底利用前所未有的運算能力與巨大資料集。」根據數據主義，「當你考慮要和誰結婚、做什麼工作、要不要開戰時，」答案現在變成要詢問「比我們更了解自己的演算法」。

如果你覺得那些在本書中引用的研究作者是數據主義界的先知，我會非常開心。（他們真的是在開疆闢土。）但是我並沒有傲慢到宣稱《數據、真相與人生》是數據主義的《聖經》，或是試圖寫出數據主義版的十誡。不過，我確實希望本書可以讓你看到，數據主義嶄新的世界觀可能會有的模樣，並且介紹一些也許在你或朋友面臨重大決定時，可以派上用場的演算法。本書共有九章，每章都會探索人生中一個重大領域，說明數據在這領域裡教會我們什麼。第一章的焦點或許是人生中最重要的決定，也是哈拉瑞列出最有可能受數據主義影響而轉變的第一項決定。

所以，數據主義者和可能改信數據主義的人來聽聽吧！演算法可以幫助你們決定「要和誰結婚」嗎？

第一章

# 大數據為你找到幸福：挑選哪些特質的對象才能長久？

## 你應該和誰結婚？

這或許堪稱人生中影響最深遠的一個決定。擁有億萬身家的投資大師華倫・巴菲特（Warren Buffett）顯然也這麼認為，他表示和誰結婚「是你做的決定中最重要的一個。」[1]然而，人們卻很少在做這個至關重要的決定時求助科學。坦白說，科學也沒有什麼幫得上忙的地方。

鑽研關係科學（relationship science）的學者一直試圖找出答案，但事實證明要找到夠多的情侶當樣本，十分困難又所費不貲。關係科學的研究樣本數往往非常小，不同研究的結果也經常相互矛盾。二〇〇七年，羅徹斯特大學（University of Rochester）知名學者哈里・萊斯（Harry Reis）將關係科學領域比擬為青少年：「雜亂無章、偶爾失控，而且很可能比我們所期許的更為神祕。」[2]

不過在幾年前，年輕、活力充沛、極度好奇又傑出的加拿大科學家薩曼莎・喬爾（Samantha Joel）企圖扭轉這件事。喬爾就像許多同領域科學家一樣，對於能夠預測一段感情成功與否有哪些因子很感興趣，但她採取和他人截然不同的做法。喬爾不只是再多招募少數幾對情侶參與實驗，而是彙整既有研究中的資料。喬爾認為，如果她可以將既有小型研究中的資料融合在一起，即可建立龐大資料集。如此一來，喬爾就能掌握足夠的數據，讓她可針對哪些因子足以預測感情成敗、哪些因子不行，提出可信的答案。

喬爾的計畫成功了，[3]她四處招募曾蒐集關係資料的教授，把能找的都找來。她的團隊最終共有八十五名科學家（除了她以外），成功建立一萬一千一百九十六對伴侶的資料集。*

這個資料集的規模和蘊含的資訊都令人驚嘆，喬爾與團隊中的研究人員握有每對伴侶交往時自述的快樂值，也掌握兩人的相關資料，你想得到的指標幾乎都涵蓋在內。

學者掌握的資料如下：[4]

- 人口統計資料（如年齡、教育程度、收入與種族）
- 外貌（如為另一半的外貌吸引力打幾分？）
- 性愛偏好（如兩人多常想要做愛？他們期待的做愛方式有多奇特？）
- 興趣與嗜好

---

* 這項研究聚焦異性戀關係，未來研究或許會探索同性伴侶的情況是否有所不同。

- 心理與生理健康
- 價值觀（如政治理念、感情觀及育兒觀）
- 還有更多更多

喬爾及其團隊不僅比其他同領域的人擁有更多資料，統計方法也更為先進。喬爾和部分參與研究的人員都精通機器學習（machine learning）這個人工智慧子領域。機器學習讓當代學者可以在極大量的資料中，偵測出細微的規律。喬爾的計畫或許可以稱為「人工智慧婚姻」（AI Marriage），因為它可說是利用這些先進技術，來預測情侶關係快樂程度的先驅研究之一。

如果你喜歡猜謎，不妨猜猜看研究結果。你覺得有哪些因子最能預測一段感情成功與否？興趣相投比價值觀相同重要嗎？性愛契合度對於長久的關係有多重要？與背景相仿的人結為伴侶，會讓你比較快樂嗎？

在喬爾建立團隊、蒐集數據並進行分析後，這個很可能是關係科學史上最精彩的計畫即將進行成果發表。

二〇一九年十月，喬爾預定在加拿大滑鐵盧大學（University of Waterloo）發表演說。[5] 她的講題單刀直入：「我們能否幫助世人挑選較好的戀愛伴侶？」

所以喬爾與八十五位全球知名科學家攜手合作，結合四十三項研究、挖掘向上萬對伴侶蒐集的數百筆變數資料，利用尖端機器學習模型運算後，真的有辦法幫助大家找到更好的伴侶嗎？

答案是沒辦法。

我透過Zoom採訪喬爾時，[6] 她和我分享從機器中學習到的第一個也是最驚人的一個啟示，就是「人與人的交往關係似乎就是如此難以預測。」喬爾和共同作者發現，人口統計資料、偏好、價值觀意外地不太能用來預測兩人是否會幸福快樂。

就是這樣，朋友們。人工智慧現在已經可以：

- 打敗世界上最強的西洋棋和圍棋棋士。
- 只依據網路上的發言，精準預測五天後將出現的社會暴動。[7]
- 從一個人散發的氣味，警示他是否即將出現帕金森氏症等健康狀況。[8]

但是當你請人工智慧告訴你，兩個人是否可能共築幸福人生時，它就和我們所有人一樣茫無頭緒。

## 該如何挑選另一半？

好吧！這確實讓人失望，也是一個恐怖的章節開頭。畢竟本書的核心論點，就是大膽告訴大家：資料科學可以徹底翻轉我們做出人生中各種抉擇的方式。難道資料科學真的無法提供任何擇偶相關訊息嗎？那或許是我們人生中最重要的決定！

倒也不盡然，事實是即便電腦預測感情發展的能力差強人意，喬爾和共同作者的機器學習研究計畫依舊揭露許多重要結果。

舉例來說，雖然喬爾及其團隊發現，他們蒐集的所有變數資料中，預測感情幸福度的能力都出奇地小，但是確實發現有幾個變數至少可以些微提升伴侶間感情和睦的機率。更重要的是，預測感情成功與否出乎意料的困難，這個結果本身，就是指示我們不該依賴直覺挑選伴侶。

你想想看，很多人顯然相信喬爾及其團隊研究的變數中，不乏擇偶的重要條件，他們拚命要找到具備特定特質的另一半，並且認定那些特質會讓他們幸福快樂。但是如果像喬爾和共同作者的研究所指稱的，平均來說，許多在交友市場上最令人渴求的特質和一段關係的幸福程度無關，就代表很多人的交友方式都錯了。

這就連結到另一個老掉牙的問題：人們該如何挑選另一半？這個問題近來也受到革命性新數據抨擊。

過去幾年來，其他研究團隊針對線上交友網站的數據，從上萬名單身人士的特徵和滑動手機的紀錄中，蒐集整理出大量的新資料集。研究人員試圖藉此了解，哪些因子可以用來預測一個人在戀愛市場上的吸引力。

這項研究的結果與感情幸福度的研究不同，結論極為明確。雖然資料科學家發現，要找出一個伴侶具備哪些特質才能讓彼此幸福極為困難，但是同時發現，要找到交友市場上令人難以抗拒的特質卻再簡單不過。

近期一項研究顯示，我們不只有辦法非常精準地預測一個人在交友網站上看到某個特定對象時，會向左滑還是向右滑，*甚至可以相當精準地預測做出這個決定需要的時間。[9]（通常看到接近自己可接受交友條件的人，會花費較長時間決定要向哪一邊滑。）

換個方式總結上述內容，就是：很難憑數據推測誰會是好伴侶，但要用數據推測誰是受人追求的伴侶卻非常簡單。而這樣的結果意味著，我們當中有不少人都用錯交友方式。†

## 找對象的時候，大家都看哪些條件？

二十一世紀初，尋覓戀愛對象的方式出現重大進展，關鍵就是線上交友崛起。一九九〇年，找對象的方法主要有七種，最常見的就是透過朋友介紹，之後是身為同事、酒吧遇到、透過親人介紹、學校認識、互為鄰居，以及教會遇見。

一九九四年，第一個現代線上交友網站Kiss.com問世。一年後，Match.com上線。到了二〇〇〇年，我興奮地在JDate這個線上猶太交友網站建立個人專頁，信心滿滿地認為自己找到酷炫的新東西……結果沒多久就發現，一如既往地，我自以為發現不得了的新玩意兒，但主要使用者都是和我一樣的怪人。

不過，之後線上交友使用就爆炸性成長。到了二〇一七年，已經有近四成的情侶透過網路相識，而後這個比例連年攀升。

線上交友有助於人類的戀愛生活嗎？這仍有爭議。很多單身族抱怨，透過交友應用程式（APP）和網站得到令人失望的互動、配對及約會。問答網站

* 譯注：交友軟體Tinder首創向左滑與向右滑的設計。向右滑代表接受，向左滑則是拒絕，如果雙方都向右滑就會配對成功。後來許多交友軟體也使用相同的滑動系統，讓向左滑與向右滑變成線上交友「拒絕」和「接受」的代名詞。

† 比較聳動的說法是：要預測你會被誰電到很簡單，但要預測你會跟誰來電卻很難。

**各年代異性戀伴侶結識的管道**

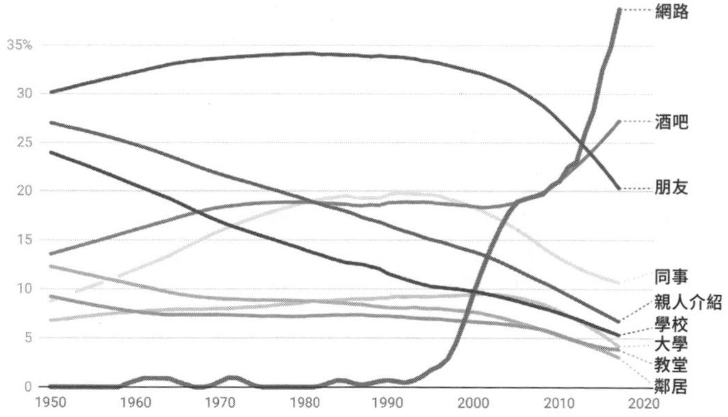


資料來源：數據由麥克・羅森費爾德（Michael Rosenfeld）提供，首度發表在羅森費爾德、魯賓・湯瑪斯（Reuben Thomas）及索尼亞・豪森（Sonia Hausen）（2019）。以Datawrapper製表。

Quora上，有幾則近期關於線上交友的評論，包括以下抱怨：「這超累人的」；「有許多美麗誘人或主動調情的女性帳號，其實大多都是奈及利亞詐騙集團」；以及平台上有太多「未主動索取卻收到的男性器官圖片」。[10]

不過，線上交友有一個無庸置疑的影響：鑽研戀愛研究的科學家顯然從中受惠。世界上鐵定沒有哪一個研究戀愛科學的人，會抱怨交友APP和網站的存在。

你想想看，上個世紀的人追求伴侶的過程全都是在「線下」，單身者做出的決定只有少數人知道，而且一下子就忘了。那時候的科學家如果想了解人們的擇偶條件，基本上只有詢問他們這個方法。一九四七年，赫羅德・克里斯汀生（Harold T. Christensen）的開創性研究就是這麼做的，他對一千一百五十七名學生進行調查，請他們針對二十一項擇偶特質進行重要性評分。[11]結果男性與女性都認為最重要的特質就是「值得信賴」，「外貌」、「財力」都被放在最後，也就是最不在乎的特質。

但是，我們可以相信這些受訪者自述的結果嗎？人類遇到敏感問題就說謊，早已不是新聞。（這就是我的前一本著作《數據、謊言與真相》的核心課題。）或許大家都不願意承認，自己有多想和臉正腰細、荷包滿滿的人交往。

在這個世紀，研究人員如果想了解一個人的擇偶偏好，有比詢問本人更好的方法。現在有一大部分的求愛過程都在APP或網路上發生，交友者個人資料、點閱率和訊息都會以資料形式留存。「好喔！」和「不想耶！」很容易就可以轉換成代碼，彙整成CSV檔案。世界各地的研究人員都曾從OkCupid、eHarmony、Match.com、Hinge及其他交友服務平台獲取資料，藉此剖析每個因子到底對一個人在交友市場上的熱門度造成多大影響。「一個人為什麼會對其他人產生吸引力？」針對這個問題，這些研究人員以非常單純的方式就獲得前所未有的洞見。

如同我在前言中提到的，每個人會被吸引的原因不盡相同，交友時偶爾可以利用這些差異來找到自己的利基市場。不過，我們還是可以透過一些特徵，預測某些人是否比其他人更具吸引力。

那麼，到底是哪些特質會讓人吸引到其他人？

關於人類如何擇偶的第一個真相，就如同許多其他人生的重要真相一樣，早在科學家找到答案之前，就被搖滾明星所揭露。數烏鴉搖滾樂團（Counting Crows）主唱亞當．杜里茨（Adam Duritz），在一九九三年的名曲〈瓊斯先生〉（Mr. Jones）中告訴我們：我們都在追求「美麗的東西」。

## 顏值高低

由根特·赫胥（Günter J. Hitsch）、阿里·霍塔蘇（Ali Hortaçsu）及丹·艾瑞利（Dan Ariely）組成的團隊，研究線上交友網站的數千名異性戀使用者。所有使用者都已上傳照片，研究人員招募不同群體的受試者，給予金錢報酬，並請他們依據照片為每個使用者的魅力指數評分，分數由一到十。

透過一到十分的量表，研究人員測量出每位使用者以傳統標準來看的外貌吸引力，並且在這個基礎上，測試外貌對一個人的魅力影響有多大。他們對於熱門度的測量方式，是看每位使用者收到多少並未主動索求的訊息，以及他們傳送訊息後，收到回覆的頻率多高。

研究人員發現，顏值有影響，[12]而且影響超大。

一名女性異性戀交友軟體使用者在網站上的表現，約有三〇%可用外貌解釋。異性

**最英俊的男性回覆各顏值女性訊息的機率**

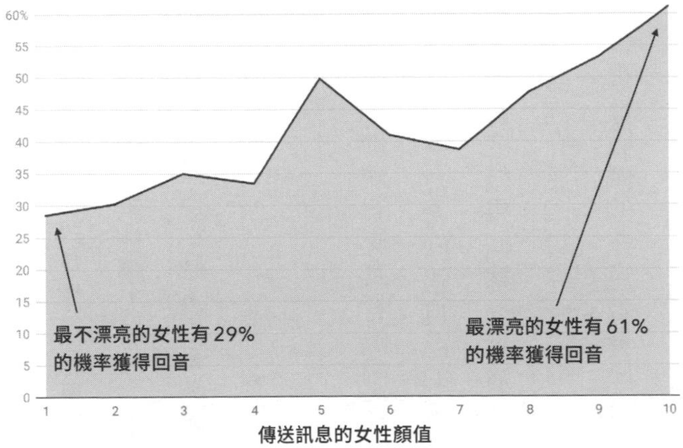


資料來源：赫胥、霍塔蘇及艾瑞利（2010）；數據由赫胥提供。以Datawrapper製圖。

**最漂亮的女性回覆各顏值男性訊息的機率**

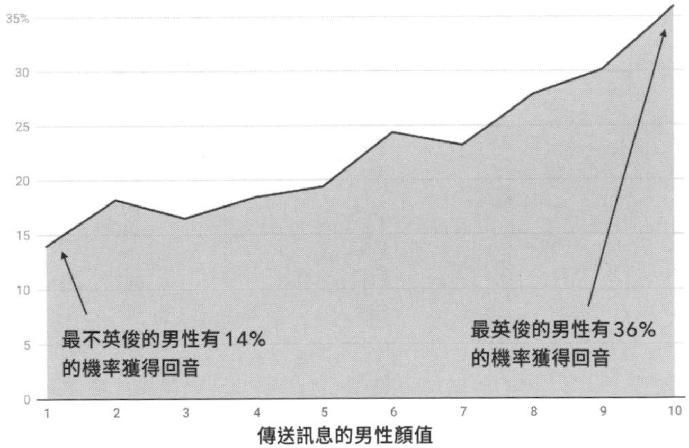


資料來源：赫胥、霍塔蘇及艾瑞利（2010）；數據由赫胥提供。以Datawrapper製圖。

戀女性稍微不那麼膚淺，但也還是滿膚淺的。男性異性戀使用者之所以成功找到對象，約有一八%可以用外貌解釋。研究結果最後顯示，要預測一個人在網路交友時會收到多少潛在對象的訊息，以及傳送訊息後會得到多少回覆，最重要的預測因子就是外貌。

這樣的結果大概會讓人想回「不然咧？」，否則就是「看吧！我就知道，別人跟我說外表不重要時，其實私底下根本超膚淺，完全就是在講屁話。」

## 身高

除了研究外貌對交友者熱門度的影響外，同一團隊也研究身高對熱門度的影響。[13]（每位網站使用者都會回報自己的身高。）

這次的研究結果同樣非常清楚，男性的身高顯著影響受女性歡迎的程度。最受歡迎的男性身高介於六呎三吋（約一百九十一公分）到六呎四吋（約一百九十三公分）之間，這群男性收到的訊息數會比身高介於五呎七吋（約一百七十公分）到五呎八吋（約一百七十三公分）之間的男性多六五%。

研究人員也深入探究收入對交友者熱門度的影響，這一點會在稍後談到。他們藉此進行一個有趣的比較：收入與身高在交友市場上對熱門度的影響差異。研究人員最終得出，身高較矮的男性必須多賺多少錢才能彌補身高劣勢。

結果發現，年收入六萬兩千五百美元、身高六呎（約一百八十三公分）的男性，平均而言，受歡迎程度與年收入二十三萬七千五百美元、身高五呎六吋（約一百六十八公分）的男性相當。換句話說，身高差六吋（約十五公分），在交友市場上的價

**身高對交友成功率的影響**

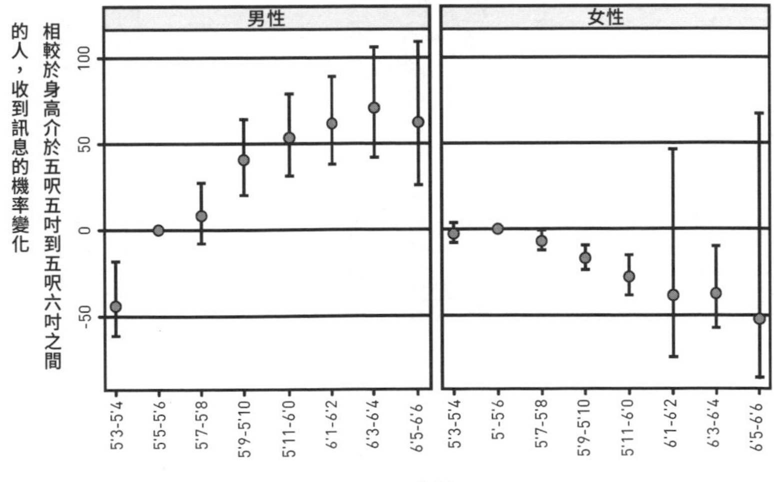


資料來源：赫胥、霍塔蘇及艾瑞利（2010）。

值是十七萬五千美元。

對女性而言，身高對熱門度的影響則與男性相反，而且影響較小。一般而言，高的女性在交友網站上較不吃香。舉例來說，六呎三吋的女性收到的訊息數會比五呎五吋（約一百六十五公分）的女性少四二%。

## 種族（即使沒有人會承認）[14]

延續剛才的話題，看看一個人在交友市場上是否成功，還會受到哪些惱人的膚淺因子影響。科學家找出大量證據，指向交友市場存在種族歧視。數學家暨OkCupid共同創辦人魯德，分析OkCupid超過一百萬名使用者的訊息數據，並將結果發布在他引人入勝的著作《我們是誰？大數據下的人類行為觀察》（*Dataclysm*）中。

這裡有那兩張讓人看了非常不舒服的圖表，呈現OkCupid上各種族的異性戀男性和女性互傳訊息的回覆情況。如果種族不會影響交友決策，圖表中的數據應該完全一樣。換句話說，黑人女性與白人女性傳送訊息給某位白人男性時，收到回覆的機率應該

**訊息回覆率：女性先傳送訊息給男性**

| | 亞裔男性 | 黑人男性 | 拉丁裔男性 | 白人男性 |
|---|---|---|---|---|
| 亞裔女性 | 48 | 55 | 49 | 41 |
| 黑人女性 | 31 | 37 | 36 | 32 |
| 拉丁裔女性 | 51 | 46 | 48 | 40 |
| 白人女性 | 48 | 51 | 47 | 41 |

資料來源：數據取自魯德的OKTrends發文：https://www.gwern.net/docs/psychology/okcupid/howyourraceaffectsthemessagesyouget.html。以Datawrapper製表。

**訊息回覆率：男性先傳送訊息給女性**

| | 亞裔女性 | 黑人女性 | 拉丁裔女性 | 白人女性 |
|---|---|---|---|---|
| 亞裔男性 | 22 | 34 | 22 | 21 |
| 黑人男性 | 17 | 28 | 19 | 21 |
| 拉丁裔男性 | 20 | 31 | 24 | 22 |
| 白人男性 | 29 | 38 | 30 | 29 |

資料來源：數據取自魯德的OKTrends發文：https://www.gwern.net/docs/psychology/okcupid/howyourraceaffectsthemessagesyouget.html。以Datawrapper製表。

沒有差別。然而，圖表中的數字落差卻非常大。黑人女性獲得白人男性回覆的機率是三二%，白人女性則是四一%。數據呈現的結果裡，整體而言，最驚人的可說是黑人女性在交友市場上多麼辛苦。請看第一張圖表的第二列，無論哪個種族的男性回覆黑人女性訊息的機率幾乎都較低。

第二張圖表的第二欄則顯示，非裔美國人女性如何回應男性的嚴厲態度：變得較不挑剔。不管哪一個族群的男性傳送訊息，黑人女性回覆的機率都最高。黑人女性的交友經驗顯然與白人男性不同。這一點可以從第二張圖表的最後一列看出來。因此白人男性也變得更為挑剔，回覆女性訊息的機率最低，如第一張圖表的最後一欄所示。

在男性中，訊息回覆率最低的種族就是黑人和亞裔。

魯德的圖表非常直白，呈現各種族配對的總體回覆率，但是並未考慮族群之間的其他差異也可能會影響回覆率。部分族群通常在交友市場上表現較好或較差的原因，也可能是因為各種族的平均收入不同。

赫胥、霍塔蘇及艾瑞利試圖針對這些因子修正研究。他們發現，當你把其他因素納入考量後，亞裔男性面對的偏見更為嚴峻。亞裔男性在美國的收入高於平均，通常會讓他們更有辦法吸引女性，因此他們的訊息回覆率之低更加驚人。研究團隊的結論是，亞裔男性對一般白人女性的吸引力，如果要和白人男性的狀況一樣，年收入必須是二十四萬七千美元以上。

## 財富狀況

再次看到毫無意外的研究結果：收入會影響一個人在交友市場上的熱門度，而且男性受到的影響最顯著。

赫胥、霍塔蘇及艾瑞利發現，在其他條件一致的情況下，如果一位男性的收入從三萬五千到五萬美元提升至十五萬到二十萬美元，女性聯絡他的可能性平均會提高八・九%。如果一位女性的收入上升幅度相同，收到男性聯絡的可能性平均則會提高三・九%。

當然，大家早就知道高收入男性對異性戀女性深具吸引力。回想一下珍・奧斯汀（Jane Austen）的名著《傲慢與偏見》（*Pride and Prejudice*），第一句話就是：「有錢的單身漢總要討老婆，這是普世公認的真理。」或是想想搖滾樂團裸體淑女（Barenaked Ladies）

（成員當然是男人）的說法：如果他們「有一百萬美元」，就可以買到一個人的愛。

財富會讓人在談戀愛時更有吸引力、[15]男性會為了賺更多錢卯足心力，這些都已是老生常談，因此研究結果顯示收入對熱門度的影響只有中等程度時，反而讓我大吃一驚。接下來，我會討論男性的職業（去除收入的影響後），對戀愛熱門度的顯著影響。[16]舉例來說，在其他條件一致的情況下，與擔任服務生相比，擔任消防員的男性在戀愛市場上明顯受到較多人關注。

研究發現，與大幅提升薪資相比，有時候轉行從事更受人矚目的職業，能讓男性更具吸引力。例如，線上交友網站的數據顯示，一位在餐旅業年收入六萬美元的男性，如果轉行擔任有相同收入的消防員，受歡迎的程度就會大幅提高，甚至高於他留在餐旅業，薪資上漲到二十萬美元的情況。換句話說，年收入六萬美元的消防員往往會比年收入二十萬美元的餐旅業員工，更受異性戀女性歡迎。

雖然很多男生都相信薪資豐厚才能「買到」女生的愛，但是數據顯示，從事很酷的工作往往會比從事無趣但薪資高的工作更吸引人。

## 職業類型

如果你是男性，職業就會影響你在交友市場的熱門度。

赫胥、霍塔蘇及艾瑞利從線上交友網站取得的數據中，看出職業對使用者的影響。把女性的外貌納入考量後，會發現女性的職業不會影響她收到的訊息數；但如果是男性試圖吸引女性，就是另外一回事了。特定職業別的男性會收到較多訊息，即使把研究人員可以取得、關於他們的所有資訊（包括收入）納入考量後，結果依然如此。

男性律師、警察、消防員、軍人和醫生收到的訊息數，超越收入相當、一樣高學歷、英俊指數與身高相同的男性。律師如果變成會計師，對女性的吸引力平均值就會下降。*

有一份論文中的職業清單，列出在交友網站上最能吸引異性戀女性的職業到最不受歡迎的職業。

* 影集《歡樂單身派對》（*Seinfeld*）的粉絲看到這裡，可能會想起喬治．康斯坦扎（George Costanza）。據喬治的摯友傑瑞．賽恩菲爾德（Jerry Seinfeld）的說法，他是「我們這個時代最狡詐、雙面、唬人的角色之一」。喬治的職業發展不穩定，常常捏造職業向女性搭訕，自稱是海洋生物學家（這應該算是科學／研究領域）、建築師（這應該最符合藝術領域）。但資料科學卻發現，這些職業都不是最受女性青睞的。如果喬治希望依據數據編造謊言，就應該說自己是律師。

**最受女性青睞的男性職業（收入相等）**

| 職業 | 相較於學生，女性聯繫的次數增幅 |
|---|---|
| 法律相關／律師 | 8.6 % |
| 執法人員／消防員 | 7.7 % |
| 軍人 | 6.7 % |
| 醫事人員 | 5.0 % |
| 行政／文職／秘書 | 4.9 % |
| 娛樂／廣播／影視 | 4.2 % |
| 高階主管／主管 | 4.0 % |
| 製造 | 3.7 % |
| 財務／會計 | 2.4 % |
| 自營 | 2.2 % |
| 政治／政府／公民社會 | 1.7 % |
| 藝術／音樂／作家 | 1.7 % |
| 業務／行銷 | 1.4 % |
| 技術／科學／工程／研究／電腦 | 1.2 % |
| 運輸 | 1.0 % |
| 老師／教育工作者／教授 | 1.0 % |
| 學生 | 0 % |
| 勞工／建築 | −0.3 % |
| 服務／旅宿／餐飲 | −3 % |

資料來源：赫胥、霍塔蘇及艾瑞利（2010）。

## 性感的名字

幾年前，研究人員以不同的姓名隨機傳訊息給線上交友用戶，但是並未附上照片或其他資訊，結果發現有些名字被點閱的機率高達其他姓名的兩倍。最性感的名字[17]（即收到回覆可能性最高）包括：

- 亞歷山大
- 雅各
- 夏洛特
- 瑪莉
- 艾瑪
- 麥克斯
- 哈娜
- 彼得

最不性感的名字（收到回覆可能性最低）包括：

- 賽琳娜
- 賈斯汀
- 珊朵
- 凱文
- 丹尼斯
- 曼蒂
- 賈桂琳
- 馬文

## 和自己相似與否

擇偶時，我們會找和自己相似還是相異的對象？

艾瑪．皮爾森（Emma Pierson）這位電腦科學家暨資料科學家，研究eHarmony上一百萬次的配對結果，並將結果發表在資料新聞網站FiveThirtyEight上。她檢視eHarmony量測的一百零二項伴侶特質，剖析數據後，了解人們是否會與特質雷同的人配對。皮爾森發現一面倒的結果：人們會受到相似而非相異的人吸引。[18]

異性戀女性特別在乎相似性。皮爾森發現，分析這一百零二項特質，每項都能看出男性是否具備相同特質，與女性聯繫他的機率呈正相關。這些特質包括比較核心的特質，像是年齡、教育程度、收入；也包括一些比較奇怪的特質，像是個人頁面包含幾張照片，或者是否在個人資料中使用相同的形容詞。一位自述為「有創意」的女性，較可能傳送訊息給用相同詞彙形容自己的男性。異性戀男性也比較喜歡和自己相似的女性，但是偏好沒有那麼強烈。*

正如皮爾森在FiveThirtyEight的文章標題所言：「到頭來，人們或許其實只是想和自己談戀愛」（In the End, People May Really Just Want to Date Themselves）。

皮爾森的研究指出，相似性會創造配對數，這樣的結果在另一項利用Hinge數據進行的研究中獲得證實。這些研究人員為也為他們的研究下了一個聰明的標題：「兩極化相似」(Polar Similars)。研究人員發現，兩人受相似性吸引，可以從一個嶄新又神奇的面向解釋，就是：姓名縮寫。Hinge用戶與姓名縮寫相同對象配對成功的可能性，比不同對象高出一一．三%。[19]而且這樣的結果並不是因為那些人信仰相同，以致於縮寫相同而更容易配對成功。像是亞當．柯恩(Adam Cohen)與愛麗兒．柯恩(Ariel Cohen)配對。†即使將姓名與宗教信仰的連結納入考量，姓名縮寫相同的人還是較有機會配對成功。‡

數據告訴我們，相異者相吸是一個迷思。相似性才會讓人互相吸引，而且影響甚鉅。

---

* 皮爾森研究的特質中，有八成都是女性對相似性的偏好超過男性。

† 譯注：柯恩是猶太姓氏，亞當與愛麗兒也都是猶太人常取的名字。姓名與姓氏都具有猶太教根源。

‡《歡樂單身派對》的粉絲可能會想到傑瑞。在第七季第二十四集中，他和名為珍妮．斯坦曼(Jeannie Steinman)的女生交往，對方與他像同一個模子刻出來似的。珍妮和傑瑞不只姓名縮寫相同，她與男方一樣，對於他人的穿衣決策都有強烈想法、到餐廳會點麥片。當陌生人遇到不好的事時，兩人都會說：「真是太遺憾了！」珍妮抓住傑瑞的心，被男方求婚。但是傑瑞很快就喊停，「我不能和與我相同的人在一起，我討厭我自己。」傑瑞如此表示。數據告訴我們，我們所有人都是傑瑞，尋尋覓覓屬於我們的珍妮，但是也可能在找到她之後，才發現自己並不快樂。

## 如何預測一場戀情會不會幸福收場？

雖然線上交友網站有趣的數據有時讓人看了不太舒服，但確實讓我們了解單身族會受到特定特質吸引，而且那些特質是可以預測的。不過，受這些特質吸引是正確的嗎？

如果你和一般單身族一樣，按照預期點選具備已獲科學家證實、最誘人特質的交友對象，這樣的交友方式正確嗎？還是其實你的做法根本不對？*

回想一下本章最前面的段落，我分享喬爾和共同作者的研究。你應該還記得他們蒐集史上最大的伴侶及其特質相關資料集，記得他們發現要依據一大張特質清單預測一個人與另一半是否會幸福，意外地困難。沒有一組特質可以保證或排除一場戀愛的成敗，世界上也沒有演算法，可以準確預測兩人是否會永遠幸福快樂。

但某些特質還是多少可以作為預測指標，也有些因子的確會多少提高一段感情幸福收場的機率。現在我們就要討論這些**可以**預測戀愛幸福度的指標，以及這些指標和一般人在找對象時關注的特質有多麼不同。

假設有一個人名叫約翰，他的伴侶叫做莎莉。你想預測約翰在這段關係中是否快樂。你可以詢問約翰及／或莎莉關於他們自己的任意三個問題，之後再依據這些資訊預測約翰在感情中的幸福度。

你會想問哪些問題？你會想知道關於這兩個人的哪些事？

依據我拜讀喬爾和共同作者的研究結果，要了解約翰與莎莉交往有多幸福快樂，最適切的三個問題其實和莎莉完全無關，而是關乎約翰。預測約翰和莎莉在一起開心與否，應該要問他類似以下這些問題：

- 「約翰，在遇到莎莉之前的人生是否令你滿意？」
- 「約翰，你在遇到莎莉之前是否不曾憂鬱？」
- 「約翰，你在遇到莎莉之前是否具有正向情感（positive affect）？」

---

* 如果讀者想看更深入、以科學為本的戀愛完全守則，我建議除了魯德的著作《我們是誰？大數據下的人類行為觀察》外，還可以閱讀洛根．尤里（Logan Ury）的《哈佛×Google行為科學家的脫單指南》（*How to Not Die Alone*）。

研究人員發現，對這些問題回答「是」的人，回覆自己在戀愛中感到幸福的可能性明顯較高。換句話說，一個在感情生活外過得快樂的人，更有可能在感情生活當中感受幸福。

此外，讓人格外驚訝的是，用一個人對關於自身問題的回答來預測感情幸福度的準確度，大約是以另一半所有特質加總做預測的四倍。*

當然，一個人在感情以外的事情上過得多快樂，對談感情時的幸福度有顯著影響這項發現，實在算不上什麼創新想法。想想這句「每日勵志小語」(Daily Inspirational Quote)：「在你與自己幸福過活之前，誰也無法讓你快樂。」

這類心靈小語常常會讓我這種憤世嫉俗的數據宅翻白眼，但是在我看完喬爾與共同作者的研究後，我已經被說服，認同這句話基本上是真的。

其實這也和按照數據分析結果過生活的一大重點有關，我們這種數據宅只要發現某項研究結果違反傳統智慧或老生常談就會超級興奮，天性讓我們認為自己需要知道世界上其他人不知道的事。不過，當數據證實傳統論調或老生常談時，我們也必須接受。數據帶我們往哪裡走，我們都必須欣然前往，即使終點是每日勵志小語也不例外。

總之，就像八十六名科學家組成的團隊和撰寫每日勵志小語的無名氏所發現的，一個人除了感情生活外，自身是否幸福是截至目前為止最能有效預測感情幸福度的因子。不過除了既定心理狀態外，還有什麼可以預測戀情幸福指數？交往對象有哪些特質可以用來預測戀情幸福指數？讓我們先來看看交往對象的特質中預測力最差的。

## 挑選伴侶時的「無用八項」特質

在超過一萬一千對愛情長跑的伴侶中，機器學習模型發現以下的伴侶特質最不足以預測這段感情是否會幸福快樂，讓我們把這些特質稱為「無用八項」。[20]無論交往對象是

---

＊《歡樂單身派對》的粉絲可能又會想到喬治。喬治有一句經典的分手台詞：「不是妳的問題，而是我。」喬治覺得這句話完全符合他的浪漫本質，所以每次女方提議分手，他就會暴怒，然後拋出同一句話。（他最後總把對方搞得精疲力竭，只好承認這次分手其實是因為他。「好吧！喬治，是你的問題。」她告訴喬治。）

我想表達的是，喬治這句經典台詞現在可以用資料科學佐證。喬治可以更堅決地陳述自己的宣言如下：「依據機器學習模型對戀愛幸福度的預測結果，我的心理狀態在推斷自己的感情幸福度這件事上，比任何與妳相關的事情重要四倍。妳知道的，科學家已經發現，如果對自己的人生不滿意、因憂鬱所苦、負面思考，想要在感情中得到幸福極度困難。而我具備的每一項特質。在我學會更樂觀看待人生前景之前，不管和誰談感情都超級無敵難得到幸福。不是妳的問題，而是我！」

否具備這些特質（任意組合都無所謂），兩人交往的幸福度都差不多。

- 種族／族裔
- 宗教信仰
- 身高
- 職業
- 外貌
- 過去的婚姻狀況
- 性愛偏好
- 與自身相似性

我們從「無用八項」的清單可以看出什麼端倪？我第一個注意到的就是這份無用特質清單上的項目，和本章前段才剛討論，另一份依據數據做出的特質清單項目幾乎一模一樣。前面提過，依據線上交友網站大數據分析的結果，有些特質會讓一個人在戀愛市場上格外受歡迎。結果我發現那張圖表（線上交友網站大數據分析顯示，交友市場上最受重視的特質清單），與喬爾和共同作者研究大量資料集後發現，和長期戀情幸福度最沒有關係的特質清單重複率超高。

想想傳統上說的外貌吸引力，你應該還記得外貌是交友市場上最受重視的唯一特質。赫胥、霍塔蘇及艾瑞利針對交友網站上成千上萬的使用者進行研究，結果發現哪些人會收到訊息，又有誰的訊息較可能獲得回應，很大程度都可以用外貌解釋。但是喬爾和共同作者卻在研究超過一萬一千對愛情長跑的情侶後發現，伴侶的外貌**無法用來**預測一段感情是否會幸福長久。同樣地，男性身高很高、從事吸引人的工作、屬於特定種族，以及會讓對方覺得與自己相似的人，在交友市場上有很高的身價。（參見本章前段提出的證據。）但是在詢問上千對愛情長跑的情侶後，就會發現沒有任何證據顯示，與具備這些誘人特質的對象順利交往後，感情生活會比較幸福。

拜大數據研究所賜，學者得出這個戀愛科學中最重要的研究結果。如果要我用一句話做結論，或許可以這麼說〔姑且稱為「戀愛第一法則」（First Law of Love）〕：

在交友市場上，人們為了追求具備某些特質的對象而激烈競爭，但是那些特質卻無法提高一個人在戀情中得到幸福的機率。

此外，如果讓我來定義那些明明不會創造長遠幸福戀情，卻讓人深切渴望的特質，我會把許多特質稱為閃亮特質。這類特質可以快速吸引我們的目光，例如幾乎每個人都會很快被帥哥或正妹吸引。但是以數據看來，這些吸睛的閃亮特質與長遠戀愛幸福度完全無關。數據顯示，單身族總是會被閃亮特質所蒙蔽。

## 交友對象的成本與價值幾乎完全脫鉤

在我仔細研讀諸多戀愛科學的研究後，突然想到現在的交友市場與一九九〇年代的棒球市場，有一個驚人的相似之處。讓我們回想一下魔球革命，那正是我撰寫本書的動機。運動家隊和其他幾支棒球隊藉由數據分析發現，原來棒球市場一片混亂。開放市場上的球員價碼（即支付給球員的年薪），和他們為球隊創造的價值（即球員創造的勝局數）完全脫鉤。

球員是否會被選中、年薪多少，並非依據他們可能會為球隊創造多少價值決定，而是基於其他因素。棒球市場往往會過度重視球員的閃亮特質，像是帥氣，並因此低估那些乍看之下不像明星球員的選手。

其中一位像這樣被低估身價的選手，就是凱文．尤克里斯（Kevin Youkilis）。尤克里斯被形容為「不會跑壘、傳球或防守的肥仔三壘手」。他大學時代的教練解釋道：「他就是那種方方正正的身形，穿制服時沒有一點運動員的樣子。他不是那種高挑，看起來前途無量的人，穿上球衣感覺胖胖的。」[21]雖然在大學球隊的統計資料極好，但尤克里斯不符合棒球員形象的外表，讓他直到第八輪選秀才被球隊挑走。

不過資料分析人員很清楚，雖然看起來不是偉大的職棒選手，但尤克里斯卻具備所有真正重要的技能。波士頓紅襪隊（Boston Red Sox）就是看上那些數據分析的結果，在第八輪選秀中簽下尤克里斯，讓運動家隊總經理比恩懊惱不已。比恩非常想要簽下尤克里斯，但是原本以為對方還會繼續滯留到後面幾輪選秀。這位比別人矮又胖的球員最終三度選入全明星賽（All-Star），並幫助球隊拿下兩次世界大賽冠軍。

一九九〇年代，那些依數據挑選球員的球隊專注於簽下像尤克里斯這樣缺乏閃亮特質，而無法吸引不懂數據球隊的球員，因此獲得成功。如同麥可·路易士（Michael Lewis）所說的：「當人腦只仰賴自己所見時，就會欺騙自己。每一次的欺瞞對看穿幻影而理解真相的人來說，都是賺錢的機會。」*

---

* 譯注：路易士即是《魔球》一書的作者。

同理，數據也揭露出交友市場上，單身族被大腦欺騙，交友效率之低令人咋舌。和某個對象交往的成本（即要追到對方有多困難），與那個對象的價值（即對方會和你談一段幸福快樂的長遠戀情）完全脫鉤。

這樣說來，你可以把比恩的邏輯套用到交友上嗎？有些人雖然很可能成為絕佳伴侶，卻被市場忽略，你是否可以在交友時，多把重點放在這些人身上？

數據已經證實以下幾個族群，雖然在交友市場上極為缺乏競爭力，但是證據顯示，他們讓另一半幸福的能力並不會比較差。

- 矮的男性
- 超高女性
- 亞裔男性
- 非裔美國人女性
- 仍在學或就職於不討喜行業的男性，如教育、餐旅、科學、建築或運輸
- 從傳統審美標準來看，長相較抱歉的男性與女性

交友時，多把目光放在這群人身上，當你遇到超棒的對象時，就不需要和那麼多人競爭。你也較有可能找到絕佳的另一半——那位被他人錯誤忽視的人。或許，你就會找到愛情中的尤克里斯！

## 時間，讓我們不被閃亮的特質蒙蔽

當然，建議別人不要那麼在乎外貌等被交友市場高估的閃亮特質，雖然合理也符合資料分析的結果，但卻知易行難。閃亮特質會受人渴求不是沒有道理的：閃亮這件事，幾乎可說定義上就是指「會引起注意」。再次回顧杜里茨說的大道理，我們都在尋求「美麗的東西」。有沒有什麼科學證據支持的方法，可以讓我們在追求愛情的過程中不被閃亮的條件所蒙蔽？

德州大學（University of Texas）研究團隊發現一個很重要、與這個問題相關、相當有趣，又是基於數據的研究結果。在一門課剛開始時，教授請修課的異性戀學生為另一性別同班同學的吸引力評分。[22]毫不令人意外地，眾人的想法頗為一致。大多數人眼中最英俊、美麗的同學都相同，這些人就是傳統定義上最具吸引力的人，大概就是班上的彼特或波曼這類俊男美女。

課程結束前，教授再次請學生對每位異性同學的吸引力進行評分。這時候就有趣了，研究發現評分的一致性降低，學生有較高機率會將其他人評為外貌普通的人排在自己的第一名。

從課程開始到結束這段期間，發生什麼事讓這麼多人更改對同學的吸引力分數？答案就是這些學生花時間相處。在課程剛開始時，下巴輪廓分明又有一雙電眼的男生看起來可能很吸引人，但是有些人和他交談時得不到樂趣，就開始覺得他的吸引力下降。鷹勾鼻、顴骨低的女生在一開始或許無法吸引他人，但有些人之後發現和她談話很快樂，對那些人而言，她的魅力指數提升。

這項研究結果對我們該如何交友提供深刻的指引，之前提到我們通常會找傳統定義裡的俊男美女，以及擁有閃亮特質的人，那些人在第一天的課堂上分數一定很高，儘管他們有很多人追求，卻未必是較理想的伴侶。當我們遇上缺乏這些閃亮特質的人時，往往不會受到吸引，也不會和他們約會。

這項研究告訴我們，或許我們有辦法克服自己無法讓人看一眼就受到吸引的情況。研究顯示，一個人的外貌吸引力會因為我們喜歡一個人而上升（或因為不喜歡一個人而消失）。從數據可以看出，我們應該和這些擁有被低估資產的人約會（也就是那些可能不具備吸引多數人特質的人），即使我們可能一開始無法感受到他們的魅力，但是應該耐著性子，讓對方潛藏的吸引力逐漸浮現。

像外貌這種無法預測戀情幸福度的特質就談到這裡，那麼可以用來預測幸福的特質又有哪些？

## 最可能成為最佳伴侶的四大特質

喬爾和共同作者發現，確實有幾項伴侶特質多少可以用來預測他們的交往對象有多幸福。研究顯示，從以下幾項特質最能看出一個人是不是好伴侶：

- 對生活感到滿意
- 安全依附類型（secure attachment style）（如果不知道這個詞彙或其他幾個詞彙的意思，請再等等，我很快就會說明。）
- 盡責性（conscientiousness）
- 成長型思維（growth mindset）

我們可以從這份清單學到什麼？

第一個啟示或許就是：想要提高戀情幸福度，你應該閱讀一些晦澀的心理學期刊，好了解這些心理學詞彙的意思。研究發現，和伴侶在一起時會多幸福，最好的預測指標就是這個對象在心理學家設計的各種測驗裡拿了幾分。這意味著下次另一半要你關上電視球賽節目，和她一起坐在沙發上做一些網路上發現的心理測驗時，你不應該生氣，抱怨有多討厭這些愚蠢的心理測驗，要她就這麼一個晚上讓你好好看球賽，或是說乾脆單身算了；相反地，你應該和她一起，這樣就可以知道她是否具備成為優秀愛情長跑伴侶的特質。你甚至可以主動提議做心理測驗，那樣就更棒了。

### 這些測驗可以測出哪些事？

對生活感到滿意應該不需要特別解釋，對自己生活感到滿意的人通常是較理想的愛情長跑伴侶。警告：針對米克．傑格（Mick Jagger）開的半認真白痴哏要來了。傑格每次上台演唱〈無法滿足〉（I Can't Get No Satisfaction）時，他的聲音、聲線與魅力或許很性感，但是聽歌詞內容就會發現裡面充滿警語，察覺他可能沒有能力在一段長遠的關係中帶給女人幸福。*

阿米爾．樂維（Amir Levine）和瑞秋．赫勒（Rachel Heller）的著作《依附》（*Attached*）把依附類型解釋得非常好。安全依附類型是理想伴侶的特質，這類型的人可以相信他人並值得信賴，通常勇於表達自己的興趣與愛意，和他人親近時也比較自在。依附類型測驗的連結如下：https://www.attachmentproject.com/attachment-style-quiz/。

盡責性是五大人格特質（Big Five personality traits）之一，這個理論最早是在一九六一年由歐內斯特．托普斯（Ernest Tupes）和雷蒙德．克里斯托（Raymond Christal）提出。

* 譯注：傑格是滾石樂團（The Rolling Stones）主唱，深獲歌迷喜愛，但也是花花公子。只要在網路搜尋他的名字加上「女友」，就會出現整排新聞說明他的風流一生。

盡責的人守規矩、做事有效率、有條理、可信賴，依據喬爾和共同作者的研究，這類型的人是較好的愛情長跑伴侶。盡責性測驗的連結如下：https://www.truity.com/test/how-conscientious-are-you。

成長型思維是心理學家卡蘿．德威克（Carol Dweck）提出的特質，具備成長型思維的人通常會相信，自己有辦法透過努力與堅持提升才能和能力。這樣的人可能會努力成為更好的伴侶，這或許就是他們最終真的可以成為好伴侶的原因。成長思維測驗的連結如下：https://www.idrlabs.com/growth-mindset-fixed-mindset/test.php。

這些最能精準預測戀愛幸福度的人格特質不但驚人，而且對於我們該如何看待戀愛市場極具意義。回想一下之前提到的數據分析結果，從線上交友網站的數據可以看出，求偶者有多麼膚淺而令人沮喪，人們似乎就是非常想要那些為數不多，卻能讓人感到興奮的伴侶。

當然也有可能在真實世界的交友數據中，與具吸引力的另一半交往的人最後真的比較快樂，或許這些人確實透過狂野的性愛，或是在派對上展示火辣的伴侶來得到滿足。但是從上千對情侶提供的資料顯示，事實並非如此。如果要說最後有誰可能過得更幸福，就是選擇具備良好人格特質對象的人。

你也可以從數萬對情侶的戀情成敗經驗中學習到，不要依據膚色、五官對稱度、身高、富有魅力的職業，或姓名縮寫是否和你相同，來挑選對象。數據告訴我們，長遠來看最重要的是他們的個性。

## 如何預測一段戀情幸福度的變化？

為什麼有些情侶愈交往愈快樂？為什麼有些戀情剛開始很美好，最後卻分崩離析？

喬爾和共同作者也試圖回答這些問題。研究人員借助這份資料的其中一項特性，資料集裡有許多對情侶接受多次調查，有時候調查時間間隔數年。部分情侶表示，雖然一開始不滿意這段戀情，但是最後卻愈來愈快樂；其他情侶則給出相反的答案。那些愈來愈幸福的人有哪些共通點？感情漸漸變淡的又是如何？

在喬爾和共同作者的開創性研究中，有一部分也使用機器學習來分析他們向數千對情侶蒐集的數據，試圖預測戀情的**變化**。請注意，這個問題和我們之前曾介紹的前一項研究的主題不同，前一項研究是要預測情侶在**某個特定時間點**是否快樂。

這些巨量資料集和機器學習模型告訴我們哪些資訊，幫助我們了解長跑愛情關係的軌跡？從情侶的人口統計資料、價值觀、心理特質、偏好，我們是否有辦法看出他們的戀情會愈愛愈濃烈，抑或逐漸淡去？

沒有辦法。喬爾和共同作者的模型完全無法預測戀愛幸福度的**變化**。快樂的情侶未來較有可能幸福快樂，不開心的情侶將來仍然不開心的機會也較高，但是除此之外，沒有任何其他因子可以用來強化對兩人未來幸福度變化的預測。

我認為，這些預測模型無法做出結果，為我們的戀愛抉擇帶來重要的啟示。

很多人顯然都是依據未來幸福感的變化預期，決定是否投入一段感情。回想一下，你有多常遇到朋友說自己不開心，卻還是要繼續這段感情，因為他們認為自己理論上應該要開心，而且最終會獲得幸福。「沒錯，我現在是很悲慘，但是這段感情**應該**可行，一切**一定會**好轉。」那位朋友或許會這麼說。

研究結果顯示，一個人若是依據自己與另一半的各種特質，預期兩人的感情是否會愈來愈幸福，這件事本身就是錯的。那位朋友即使戀情不順遂，依舊認定他和伴侶有許多相似之處，因此終將迎接幸福，就是犯了這個錯誤。數據顯示，如果想預測一段感情是否會幸福收場，最好的預測因子是目前的感情幸福度。如果另一半現在無法讓你開心，你也不應該假設兩人的特質最終會讓你們開創幸福的未來。

或者也可以這麼說，數據給我們的擇偶建議就是：單身時，把求偶的精力多花費在那些不具備眾人渴求特質的人身上，多關注那些心理素質堅強的人。一旦開始談感情，就要格外留意自己和另一半是否開心，不要因為兩人多麼相似而萌生錯誤的信心，也不要因為兩人的差異而過度擔憂，不要覺得自己有能力可以預測這段幸福的感情是否正在崩解，或者不好的關係能否逐漸改善。如果世界上最偉大的當代科學家，運用史上最完善的資料集都無法預測這類變化，你也做不到。

**接下來……**

如果你找到伴侶，可能就會生小孩。然後如果你有小孩，就一定會忍不住懷疑自己要怎麼當更好的父母。透過爬梳巨大的資料集，可以對何謂好父母得出嶄新、重要的觀點，其中最重要的資料莫過於數億美國人的稅務紀錄。

第二章

# 讓孩子更有成就的關鍵：如何讓下一代未來收入提升一二%？

育兒這檔事，一言以蔽之，就是「充滿挑戰性」。最近一項研究估算，孩子出生的第一年內，[1]父母得面臨一千七百五十個艱難的決定，包括寶寶要取什麼名字、要不要親餵、如何做睡眠訓練、找哪一位小兒科醫師、要不要把寶寶的照片上傳到社群媒體。

還只是第一年！一年後，育兒也不會變容易。事實上，父母把八歲列為小孩最難帶的年紀。[2]

父母該如何做出這上千個艱難的決定？當然，永遠可以求助Google，幾乎任何育兒問題都可以在網路上找到一大堆看似正確的解答，但這些傳統育兒建議往往不是廢話，就是互相矛盾。

廢話的例子：KidsHealth.org敦促父母要「成為好榜樣」，並「表現出你的愛是無條件的」。矛盾的例子：最近《紐約時報》（*New York Times*）刊登一篇文章，建議父母「嘗試暫時隔離法」（Try timeouts）來管教孩子。[3]二〇一六年，《PBS新聞一小時》（*PBS NewsHour*）在網站上發表的專欄卻寫道：「為什麼你絕對不該對孩子使用暫時隔離法？」[4]

愛娃．奈爾（Ava Neyer）[5]這位沮喪的母親，在拜讀好幾本育兒書，特別是關於嬰兒睡眠與發展的書籍之後，忍不住大吐苦水：

把寶寶包緊，但也別太緊。睡覺時讓寶寶仰躺，但不要讓他們躺太久，不然會發展遲緩。給他們奶嘴比較不會發生嬰兒猝死症，但奶嘴要小心使用，因為可能造成餵奶的困難或是害寶寶睡不好。如果寶寶睡得太沉，可能會死於嬰兒猝死症。

奈爾啊！我也沒資格說懂妳的心情。（我沒有孩子，只有姪子。我的育兒決策過程基本上就只有問我媽要送姪子什麼禮物，她會叫我「買一輛卡車給他」，然後我就會照做。接下來四年，姪子就會一直謝謝我送他這輛卡車。）

儘管如此，我還是找遍育兒文章，試圖了解有哪些數據可以和奈爾與其他父母分享。有沒有什麼育兒建議既不是廢話又不矛盾？科學有沒有辦法提供父母一些建議，幫助他們做出上千個艱難的決定？

雖然目前還沒有令人信服、基於科學的答案，可以逐一回答育兒第一年面臨的一千七百五十個難題，更遑論第一年之後還要面對的數千個抉擇，但科學仍然可以告訴我們，兩個極度重要、已經獲得科學證實，也不是廢話的育兒要點。

- 第一個要點：父母做出的大部分決定，整體影響都不如多數人所想來得大；換句話說，父母面對絕大多數必須做的抉擇時都操心過度了。
- 第二個要點：有一個最重要但大多數父母都做錯的決定，針對這個決定，如果有任何父母能依據數據做出最好的選擇，光是這樣就可以遠遠勝過一般的父母。

我們會依序探究這兩個要點，以及與之相關的證據。

## 父母育兒決策的總體影響

讓我們先談談關於育兒最基本問題：家長到底有多重要？「厲害的」家長相較於一般父母可以為孩子的人生帶來多大幅度的提升？

試著想像以下三種世界。6

**第一種世界**（厲害的父母可以把空服員變成口腔衛生師）

在這個世界裡，厲害的父母可以把原本能獲得中等收入的孩子，養育成收入略高於平均的孩子。例如，孩子原本會成為年收入五萬九千美元的水電工或空服員，厲害的父母讓他成為年收入七萬五千美元的註冊護士或口腔衛生師。

**第二種世界**（厲害的父母可以把空服員變成工程師）

在這個世界裡，厲害的父母可以把原本能獲得中等收入的孩子，養育成中高收入的孩子。例如，原本孩子會成為年收入五萬九千美元的水電工或空服員，厲害的父母讓他成為年收入十萬美元的工程師或法官。

**第三種世界**（厲害的父母可以把空服員變成腦外科醫生）

在這個世界裡，厲害的父母可以把原本能獲得中等收入的孩子，養育成高收入的孩子。例如，原本孩子會成為年收入五萬九千美元的水電工或空服員，厲害的父母讓他成為年收入二十萬美元的外科醫生或心理學家，進而致富。

許多人以為我們生活在第二種和第三種世界，技巧高超的父母可以把任何孩子的社經地位向上提升幾層。

的確，有些父母培養的名人子女數量超過平均，這一點是無庸置疑的。想想班傑明・伊曼紐（Benjamin Emanuel）與瑪莎・伊曼紐（Marsha Emanuel）這對夫妻養育的三個兒子：阿里（Ari）、伊齊基爾（Ezekiel）和拉姆（Rahm）。

- 阿里是位高權重的好萊塢經紀人，也是HBO影集《大明星小跟班》（*Entourage*）主角阿里・高德（Ari Gold）的創作雛形。*
- 伊齊基爾是賓州大學（University of Pennsylvania）副校長。
- 拉姆是歐巴馬時代的幕僚長，並曾擔任芝加哥市長。

換句話說，伊曼紐夫婦養育出商界、學界、政界的頂尖人士。

我知道很多猶太讀者看到伊曼紐三兄弟的成就之後在想什麼，一定有些人在想：「是，那真是太棒了，但伊曼紐夫婦有栽培出醫生嗎？」

有一則古老的猶太笑話（本書N個猶太笑話之一）是這麼說的：

「史上首位猶太裔總統當選後，他的母親在就職典禮上和其他達官顯要坐在一起，看著兒子宣誓就職。她對著身邊所有人大聲地說：『看見台上那位正在宣誓的人了嗎？他哥哥是一個醫生。』」

不用擔心，伊齊基爾不只是學術界翹楚，同時也是腫瘤科醫生。

伊齊基爾甚至還撰寫一本描述三兄弟成長過程的書籍《伊曼紐兄弟》（*Brothers Emanuel*）。[†]理論上，我們可以從中學到想和伊曼紐家一樣成功育兒該怎麼做。

透過《伊曼紐兄弟》一書，我們得知一件事。多數家庭在星期天都會一起去看美式足球芝加哥熊隊（Chicago Bears）的比賽，但是伊曼紐家族每個星期天都會來一場文化之旅，像是參觀芝加哥藝術博物館（Art Institute of Chicago）或觀賞音樂劇。男孩想學空手道或柔道時，母親卻堅持要他們上芭蕾課。三人都因此遭到其他小孩嘲諷，但是現在回想起

---

* 譯注：本劇後來重譯片名為《我家也有大明星》。

† 問：一個家庭的孩子全都功成名就後會做什麼？答：出版一本暢銷書說明一切是怎麼發生的，然後藉此獲得更多榮耀與錢財。

來，他們覺得那些經驗幫助自己建立紀律、塑造性格，也讓他們變得無所畏懼。從表面上看來，伊曼紐的故事教導我們：要鼓勵孩子接受文化洗禮，並與眾不同。即使被其他男孩嘲笑，也要強迫兒子穿緊身褲。

但是事實上，單一家庭無論再怎麼成功，都不能證明任何一種育兒術有效，而且很輕易就可以找到反例。[7]以戴爾．福恩斯比（Dale Fernsby）為例，[*]福恩斯比最近在網路問答網站Quora上回應一位母親，對方想知道該不該送兒子去上芭蕾課，因此上網尋求建議。福恩斯比回覆，小時候母親讓他上許多藝術課程，即使他很討厭那些課程，並且因此遭到霸凌，也不得不上。他表示從這樣的經驗中學到，自己不允許有意見或身分認同。他相信這讓他變得自卑、無法表達意見，並憎恨自己的母親。

## 究竟是先天養成或後天培育影響較大？

在試圖了解父母對孩子的影響時，有一個挑戰就是單一案例永遠無法讓我們真正學到太多。我們應該從伊曼紐的故事，還是福恩斯比的經驗中學習？

另一個在了解父母影響力的過程中，會遭遇的挑戰是：相關性不代表因果關係。二十世紀大半時間，學者在規模適切的資料集裡，搜尋育兒策略與兒童成就的關聯性，他們找到許多具有相關性的變數。茱蒂・里奇・哈里斯（Judith Rich Harris）的名著《教養的迷思》（*The Nurture of Assumption*）彙整出不少這類關聯性，例如常和孩子共讀的父母，孩子的學習成就也會較高。

不過，這些相關的變數彼此之間有多少真正具有因果關係？最大的干擾因素就是基因。你也知道，家長不只帶孩子去圖書館、上芭蕾課或買書給他們，也賦予孩子DNA。回顧剛剛提到共讀和學習成就的相關性，孩子是因為父母為他們閱讀而嚮往學習，還是其實小孩與父母都是因為自身基因的影響，而喜歡看書和學習知識？到底是天性使然，還是後天養成？

已經有許多故事顯示，基因在很大程度上會影響一個人的人生走向。曾有研究找來被分開養育的同卵雙胞胎，他們有著完全相同的基因，但是截然不同的成長環境。舉例

＊ 該名使用者發表回應後似乎已經刪除，為保護當事人隱私，此處使用化名。

來說，吉姆・路易斯（Jim Lewis）和吉姆・斯普林格（Jim Springer）這對同卵雙胞胎，從四週大開始就由不同的家庭養育，直到三十九歲才重逢。[8]重逢時發現，兩人的身高都是六呎、體重一百八十磅（約八十二公斤）；他們都會咬指甲，也都為緊張性頭痛所苦；小時候都有養狗，還一樣取名托伊；家族旅遊時選在佛羅里達州同一片海灘；兩人都曾在執法單位兼職；都喜歡米勒淡味啤酒（Miller Lite beer）和沙龍（Salem）香菸。

然而，兩位吉姆有一個值得一提的不同點。他們為第一個孩子取了不同的中間名，路易斯的長子名為詹姆士・艾倫（James Alan），斯普林格的長子則叫詹姆士・愛倫（James Allan）。

如果兩人從未相遇，或許會認為自己的一些偏好主要受父母影響，但是最終看起來，那些興趣有很大一部分是寫在他們的ＤＮＡ裡。

史蒂夫・賈伯斯（Steve Jobs）被人領養，到二十七歲才首度和親妹妹莫娜・辛普森（Mona Simpson）相見，那是他第一次頓悟到基因的重要性。他對於兩人有多麼相似倍感詫異，包括都在創意領域裡獲得極高成就。（辛普森是獲獎無數的小說家。）賈伯斯接受《紐約時報》專訪時表示：「過去我極度偏向後天養成派，但是現在我已經完全轉向天性使然派。」[9]

就連伊曼紐兄弟的故事也一樣，表面上看來彰顯父母培養小孩的重要性，實際上故事還有一個小插曲，透露出三兄弟的成功也許不是歸因於父母養育有方。伊曼紐夫婦在生下三兄弟後，又領養第四個孩子舒夏娜（Shoshana），雖然她和三個哥哥一樣從小接觸文化，卻沒有他們的基因，也沒有他們的成就。*

## 一個隨機分配父母的實證研究

有沒有什麼科學方法，可以明確算出父母對小孩的影響有多大？如果想要測試父母對小孩造成影響的**因果**關係，感覺上只能隨機把不同的小孩分配給不同的父母，再看這些孩子最後的發展。還真的有人做過這項研究，史上第一項針對父母對小孩的總體影響有多大的研究，提出世界上第一個足以服人的實證結果，而這都要感謝一支韓戰紀錄片。

* 下一章會更深入探究基因與成功的關係，以及怎麼做或許能把這件事化為自己的優勢。

哈里・霍特（Harry Holt）與貝爾塔・霍特（Bertha Holt）這對夫婦住在美國奧勒岡州，膝下共有六個子女。一九五四年某一天，他們看到一支紀錄片，主題是他們過去極為陌生的議題：韓國「G. I. 寶寶」（G.I. Babies）。*這群孩子在韓戰中失去父母，在育幼院長大，缺乏食物與關愛。

霍特夫婦看完紀錄片以後的反應和我不同，[10]通常我看紀錄片時，從頭到尾都在放空，之後再拚命想辦法讓女友覺得我知道這部影片在說什麼。霍特夫婦卻不一樣，在看完這部關於韓國孤兒的紀錄片後，他們決定要去韓國領養多位這樣的孤兒。

霍特夫婦想收養幾位在紀錄片中看到的孤兒，這項遠大計畫只有一個阻礙：法規。當時，美國法令只允許美國人最多領養兩名外國小孩。

這個阻礙最終只是一時的，霍特夫婦遊說國會修法，國會議員深受兩人的善舉感動而被說服。霍特夫婦前往韓國，並且很快回到奧勒岡州。這一次，他們帶回八個新的孩子，現在霍特一家總共有十六口！

不久後，霍特家族的故事獲得新聞媒體報導，廣播電台播放、報紙撰文、電視台也放送。更有甚者，就像霍特夫婦得知「G. I. 寶寶」的故事後立即採取行動，數千名美國人也在聽了霍特夫婦的故事後，起身而行。一個又一個美國人都表示想追隨霍特夫婦的腳步，也想要收養孤兒。

霍特國際兒童服務（Holt International Children's Services）成立了，這個基金會幫助美國人領養外國小孩。數年來，超過三萬名韓國兒童因為這個組織而被領養到美國。父母只要註冊，獲得批准，在下一個收養機會出現時，就會收到聯繫。

這個故事和育兒科學有什麼關係？是這樣的，達特茅斯學院（Dartmouth College）經濟學家布魯斯．薩克多特（Bruce Sacerdote）也耳聞霍特國際兒童服務的計畫，他和其他美國人一樣受到激勵而採取行動。事實上，他受到激勵而決定進行統計迴歸資料分析！

如你所見，霍特國際兒童服務把孩子分配給父母的過程基本上是隨機的。換句話說，科學家可以輕易測試父母的影響，只要比較隨意分配給同一對父母的養兒弟姊妹即可。父母對孩子的影響愈大，這些手足長大後就會愈相似。而且和其他有血緣關係孩子

＊譯注：是指韓戰時，美軍與韓國女性生下的混血兒。美軍離開後，由於混血兒受到排擠，孩子往往會被送到育幼院，等待領養。

的研究不同，不需要擔心基因與結果具有任何相關性。

薩克多特對霍特國際兒童服務計畫的研究有一個很酷的地方，是讓我們可以看出育兒的影響，我之後會說明這一點；另一個很酷的地方則是，透過這項研究，我們可以看到非營利組織的領導者和經濟學家形容同一個基金會的方式有多麼不同。

先來看看霍特國際兒童服務自己的介紹，說自己「將光芒帶入最黑暗的情境裡」，並「協助強化脆弱的家庭、關懷孤兒，並為孩子找到收養家庭」。

接著來看經濟學家怎麼形容霍特國際兒童服務，薩克多特如此寫道：

> 收養孩童分配到不同家庭的隨機性，可以確保生母的教育與養母的教育不具相關性……因此，$\beta 1$不會因為省略（1）當中的第一項及第三項而出現偏誤。

霍特國際兒童服務相信，他們是「將光芒帶向最黑暗的情境裡」；薩克多特則認為，他們是在確保「$\beta 1$不會因為省略（1）當中的第一項及第三項而出現偏誤」。我要說，他們都沒錯！

話說回來，沒有偏誤的$\beta 1$告訴我們什麼？在大部分的情況下，孩子由什麼樣的家庭養育，意外地對於他最後的發展結果影響很小。基本上被隨機分派給同一家庭撫養的養兄弟姊妹之間的相似性，最終只比在不同家庭中成長的養兄弟姊妹稍高一點。

## 父母育兒方針對孩子的影響有限

還記得我之前提過三種可能的世界，分別代表家長對小孩不同程度的影響。薩克多特的研究顯示，[11]我們其實住在第一種世界裡，家長的影響並不大。薩克多特發現，孩子成長的環境品質提高一個標準差，可能會讓他成年後的收入提高約二六％，不能說完全沒影響，但對他的社經地位來說也不是多了不起的提升。此外，薩克多特還發現，對孩子未來的收入而言，先天資質的影響比後天教育約大上二．五倍。

育兒對孩子的影響有限得驚人，薩克多特的研究只是其中一個證據。其他研究人員曾更深入研究養子女，也已經針對雙胞胎開發一套巧妙的研究方法，藉此將先天與後天的影響區分開來，下一章會進一步說明這套研究方法。

這些研究一再導向類似結果，布萊恩・卡普蘭（Bryan Caplan）將所有研究結果彙整在他引發爭議的著作中。在《生個孩子吧：一個經濟學家的真誠建議》（*Selfish Reasons to Have More Kids*）一書裡，卡普蘭寫道：「雙胞胎與收養研究發現，教養的長期影響渺小得驚人。」

雖然乍看之下很令人意外，但是關於這個議題的最佳證據都指出，父母對以下幾件事的影響很小：

- 預期壽命
- 整體健康狀況
- 教育
- 宗教信仰熱忱度
- 成人收入

父母對以下幾件事有中度影響：

- 信仰的宗教
- 毒品與酒精使用，以及性事行為，特別是在青少年時期
- 孩子對父母的感受

當然有一些極端案例是，父母可能對孩子的教育、收入有巨大影響。想想億萬富翁查爾斯・庫許納（Charles Kushner）捐贈哈佛大學（Harvard University）兩百五十萬美元，這很可能是兒子傑瑞德・庫許納（Jared Kushner）即使高中學業成績平均點數（Grade Point Average, GPA）和學術評量測驗（Scholastic Assessment Test, SAT）成績很差，卻還是順利上哈佛大學的原因。之後，查爾斯又讓兒子參與自己利潤豐厚的房地產生意。[12] 可以說傑瑞德如果不是因為父親，教育成就與財富都會遠遠不如現在。這麼說或許有些冒失，但傑瑞德的身家估計八億美元，應該比他沒有繼承房地產帝國的情況高出好幾倍。不過數據顯示，那些在考慮應該唸幾本故事書給孩子聽，而不是猶豫應該捐贈數百萬美元給哈佛大學的一般父母，對孩子的教育與收入影響不大。

既然整體而言，父母育兒的影響比我們的預期來得小，每個育兒決策的影響應該也沒有我們想得大。這樣想吧！如果父母要做數千個決定，而那些為孩子做出較好決定的父母，充其量也只能讓小孩的成就提高約二六%，那麼每一個決定本身就不可能會造成太大的影響。

事實上，即使是最頂級的研究（許多都寫入艾蜜莉．奧斯特（Emily Oster）的重要著作中），往往也未能找出教養技巧的影響，就算是各界辯論最激烈的教養技巧影響也不大。例如：

- 唯一一個針對親餵母乳所做的隨機對照實驗發現，親餵對小孩未來各方面的發展沒有顯著的長期影響。[13]
- 一份針對電視的深入研究發現，看電視對孩子的成績沒有長期影響。[14]
- 一份設計嚴謹的隨機對照實驗指出，教導孩子玩需要大量認知力的遊戲，[15]如西洋棋，長遠而言，並不會讓他們變得比較聰明。
- 一份嚴謹的整合分析發現，雙語教育對孩子認知表現的各項評分影響不大，會讓人覺得有影響，可能純粹是因為研究人員偏好發布正面結果造成的偏誤。[16]

此外，還有一點和伊曼紐／福恩斯比對於男孩上芭蕾舞課到底好不好的辯論有關。整合分析發現，上舞蹈課可以降低焦慮感的「證據有限」，[17]但作者指出，這可能也是因為那些研究的「研究方法品質不佳」，並且結果「應該審慎解讀」。

多看那些設計嚴謹的研究，而不是最新的譁眾取寵研究，你會發現許多讓父母傷透腦筋的事，實際上對孩子的影響小得驚人。講白一點就是，父母做的決定大部分都不如他們想得重要，也不如「教養產業集團」（Parenting-Industrial Complex）希望我們相信的那麼重要。

正如卡普蘭所說：

> 如果你的孩子在截然不同的家庭中成長，或是你扮演非常不一樣的父母，他最後八成還是會和現在一樣。你不需要達到隔壁那位超級爸爸或超級媽媽的累人標準，而是只要用你覺得自在的方式育兒就好。不要再擔心了，他們最後還是會好好的。

或者就像卡普蘭著作中的一個段落標題，那是他依據數十年的社會科學研究結果，給予父母最好的建議：「放輕鬆。」

在我看來，卡普蘭的建議是二〇一一年前後、以科學為基礎的教養建議裡最值得一讀的。二〇一一年以來，愈來愈多證據顯示，父母做的每一件事總體影響都不如多數人預期，大部分讓父母憂心忡忡的決定，對孩子未來的影響根本小到無法量測。然而現在出現一個重要的更新資訊，有些證據指出，在父母做的決策中，有一個可能是目前為止最重要且值得深思的。現在我會建議家長：「放輕鬆……但是只有一個決定除外。」

## 居住社區的影響力

「Asiyefunzwa na mamaye hufunzwa na ulimwengu.」

這是我最喜歡的一句非洲俗諺，原文是史瓦希利語（Swahili），意思就是「教育孩子需要整個村落的力量」。有些人可能會好奇，我就分享一下其他也很喜歡的非洲俗諺。

- 「雨不會只落在一戶人家的屋頂上。」
- 「不是每個追斑馬的人都抓得到，但抓到的人必然曾經追過。」
- 「不管你火氣再怎麼大，也無法煮熟樹薯。」

回到「教育孩子需要整個村落的力量」這句話。

一九九六年一月，當時的美國第一夫人希拉蕊・柯林頓（Hillary Clinton）將這句話擴大為《同村協力：建造孩童的快樂家園》（*It Takes a Village: And Other Lessons Children Teach Us*）這本書。她的著作和這句非洲俗諺都強調，孩子的一生是被周遭許多人共同塑造的，包括那些消防員、警察、郵差、清潔工、老師及教練。

政治人物想尋求更高職位時，總會撰寫一些毫無爭議的書籍，像是約翰・甘迺迪（John F. Kennedy）在一九五六年撰寫的《正直與勇敢》（*Profiles in Courage*），記述八位改變美國歷史的參議員；老布希（George H. W. Bush）在一九八七年出書要人「向前看」；吉米・卡特（Jimmy Carter）在一九七五年出版的書籍，則強調大家要盡己所能。

乍看之下，希拉蕊的這本書也只是長長書單中的一本。然而在《同村協力：建造孩童的快樂家園》出版後幾個月，一九九六年共和黨總統候選人鮑伯・杜爾（Bob Dole），覺得自己可以利用許多人對第一夫人希拉蕊的負面觀感取得優勢，*他在希拉蕊看似毫無爭議的理論中，找到一個潛在弱點。杜爾指控希拉蕊的這本書強調社區成員對兒童人生重要性這件事，就是疏忽父母養育子女的責任。杜爾宣稱，希拉蕊的說法其實是在暗地裡抨擊家庭的價值。杜爾在共和黨全國代表大會上抓住這個把柄大肆批評，他說：「恕我直言，我要在此告訴各位：養育孩子並不需要一整個村落，而是需要一個家庭。」[18]現場群眾鼓噪。朋友，這就是一九九六年共和黨全國代表大會上，杜爾如何把最熱烈的呼聲用在攻擊一句美麗而動人的非洲俗諺上。

所以，誰是對的？是杜爾還是非洲俗諺？

整整二十二年，數據腦的學者必須很坦白地說，答案是……（聳肩），還沒有任何研究可以判定哪一方正確。還是一樣的問題：要確認因果關係實在太困難了。

有些社區確實孕育出較多成功的孩子，[19]我在前一本書中提過一個有趣的現象：戰後嬰兒潮世代裡，在密西根州沃什特瑙郡（Washtenaw）這個密西根大學（University of Michigan）所在地出生的孩童中，每八百六十四位就有一位成就非凡到足以列入維基百科；而在肯塔基州哈倫郡（Harlan）這處荒涼地點出生的孩子裡，三萬一千一百六十七人中只有一位足以列入維基百科。不過這樣的結果有多大比重是出於孩子的父母是教授與中高階層專業人士，才讓他們既聰明絕頂又野心勃勃？如果出生在肯塔基州的郊區，這樣的聰明才智與企圖心會不會依然能讓他們功成名就？說穿了，在不同社區出生的族群本身就不同，因此想要界定孩子的成功有多大比例是由社區**造就**而成，看似並不可能。

你問我社區的影響有多大，我就聳肩給你看的情況，到了大約五年前開始改變，當時經濟學家拉吉．切帝（Raj Chetty）開始研究這個問題。

## 在超級都會區成長，可以讓孩子的未來收入成長一二％

切帝是天才。不相信我？總能相信麥克阿瑟基金會（MacArthur Foundation）吧！切帝在二〇一二年獲頒該基金會的「天才獎」（Genius Grant）*，或是相信美國經濟學會

---

* 譯注：當時杜爾的對手是要尋求連任的比爾．柯林頓（Bill Clinton）。

（American Economic Association），該學會在二〇一三年頒發約翰・貝茲・克拉克獎（John Bates Clark Medal）給切帝，稱他為四十歲以下最優秀的經濟學家；或是相信印度政府，印度政府在二〇一五年頒發國內最高殊榮之一的蓮花士勛章（Padma Shri）給切帝；或是相信經濟學家泰勒・科文（Tyler Cowen），他稱呼切帝是「現今世界上最具影響力的經濟學家」。就是這樣，基本上所有人都一致認同這位在哈佛大學三年取得學士、三年拿到博士，現在往返於史丹佛大學（Stanford University）與哈佛大學任教的切帝，是非常厲害的人物。（切帝是我在哈佛大學就讀博士時的教授。）

不久前，切帝和由納薩尼爾・亨德倫（Nathaniel Hendren）、伊曼紐爾・賽斯（Emmanuel Saez）及派翠克・克林（Patrick Kline）組成的研究團隊，從美國國稅局（Internal Revenue Service, IRS）獲得全美稅務人去識別化與匿名後的資料。最重要的是，切帝及其團隊能將孩子與父母的稅務資料做連結，藉此得知那些孩子小時候每一年住在哪裡，以及長大成人後的收入。切帝及其團隊可以知道一個孩子出生後五年住在洛杉磯，之後都住在丹佛；而且還不只是一小群人，他們取得全美人口的資料，非凡的腦袋得到驚人的資料集。

取得全體稅務人的資料後，該如何揭露居住社區對人的影響？你可以選擇天真的做法，就是直接比較在不同地方成長的人成年後的收入，但是這種做法會遇到先前曾討論的問題：相關性無法推演成因果關係。

這時候切帝就可以發揮他的聰明才智（或者以麥克阿瑟基金會的說法，就是運用他的天賦），研究團隊的妙計就是專注在研究一個特別、非常有趣的美國人子群體：孩提時曾經搬家的兄弟姊妹。因為這個資料集極為龐大（別忘了，他們要瀏覽所有美國稅務人的資料），符合這個條件的人非常多。

孩提時曾經搬家的兄弟姊妹這個群體，為什麼有助於建立社區與收入的因果關係？讓我們來想想這件事怎麼運作。

假設強森家有莎拉和艾蜜莉這兩個孩子，她們住過洛杉磯與丹佛。強森家從洛杉磯搬到丹佛時，莎拉十三歲、艾蜜莉八歲。再進一步假設丹佛比洛杉磯更適合養育小孩。在這樣的情況下，我們可以預期艾蜜莉的表現會比莎拉好，因為她在丹佛這個適宜育兒的環境中多住了五年。當然，即使丹佛平均而言比洛杉磯適合育兒，也不能百分之百確定艾蜜莉多住的五年一定會讓她變得更優秀。或許莎拉有其他優勢，可以克服她在丹佛少度過那幾年時光造成的劣勢;又或許莎拉比妹妹聰明，而她的才智讓她更為亮眼。*

如果擴大到全美稅務人的資料規模，就可以檢視數萬對像這樣曾搬家的兄弟姊妹，讓不同手足間的個體差異相互抵消。每當至少有兩個孩子的家庭從一個社區移居到另一個社區，就可以視為兩個社區的一次測試比較。如果他們遷出的社區較適合育兒，較年長子女表現應該會較好，因為他在原本的地方待得較久;如果遷入的社區較適合育兒，較年幼子女表現應該會較好，因為他在新地方待得較久。再次強調，這樣的測試當然不是每次都準確。但是如果你研究的搬家者夠多，某些社區確實也比較適合育兒，應該就可以看出家庭在遷入或遷出某個社區後，年長與年幼手足間的表現會有系統性差異。

此外，由於手足的父母相同，理論上受到基因的影響也相似，因此年長與年幼的兄弟姐妹間如果出現一致性差異，我們可以很有信心地認定是社區的影響所致。接著把規模擴大到全體稅務人，再利用精巧的數學運算，就可以測量出全美所有社區的價值。

所以，研究結果如何?先從大都會區的分析開始。一般而言，大型都會區會讓孩子具有優勢。如果孩子搬到正確的社區，他們較不會被捕入獄、接受較良好的教育、收入較高。切帝共同作者發現，在美國最好的幾座城市(讓我們稱為超級都會區

（SuperMetros）」[20]長大，可以讓孩子的收入提高約一二％。

以下是全美對小孩平均幫助最大的五大都會區。所以把這些大都會區視為養育孩子的絕佳地點，對父母而言，可說是明智之舉。然而父母不只是選擇一個大都會區居住就好，還要在這個都會區裡挑選社區。

切帝及其團隊所做的研究，不只告訴我們各大都會區有多適合育兒，還進一步做了分析，剖析在特定大都會區域內，有些社區能幫助孩子表現更好、有些則較差。[21]此外，有些社區可能對特定族群提供更多幫助。

* 如果你覺得我說莎拉是強森家比較聰明的那個孩子，對艾蜜莉而言，很刻薄又不公平，請記得我們是在談論虛構的人物。

**超級都會區**

| | 在下列城市長大（相較於在均值地區長大）的孩子成年後收入的平均增幅 |
|---|---|
| 華盛頓州西雅圖 | 11.6% |
| 明尼蘇達州明尼亞波里斯 | 9.7% |
| 猶他州鹽湖城 | 9.2% |
| 賓州雷丁（Reading） | 9.1% |
| 威斯康辛州麥迪遜 | 7.4% |

資料來源：平等機會計畫（Equality of Opportunity Project）。

切帝和共同作者在一份了不起的學術文章中，發表他們透過這項稅務數據，研究出美國每個小社區對不同性別、不同種族、不同社經地位的孩子，未來發展幫助有多大。

他們發現，大都會區裡的社區間落差極大，有些社區可以大幅提升當地孩童未來的收入。舉例來說，研究人員分解西雅圖的數據，細究在西雅圖鄰里中的各個人口普查區長大孩子後來的成就，結果發現北安妮女王區（North Queen Anne）有助於養育低收入的孩子，但西林地區（West Woodland）就不適合。整體而言，成長過程中所在的社區品質每提升一個標準差，就可能讓一個人的收入提高約一三%。[22]

研究人員建立一個網站：https://www.opportunityatlas.org，讓大家查詢美國各個社區對不同家庭收入、性別、種族的孩子而言，可以創造多少優勢。

## 住家環境對孩子總體影響的重要性

當我們比較薩克多特等人（對父母影響力）的研究，以及切帝和共同作者（對社區影響力）的研究時，會發現一件有趣的事，這一點很細微。

還記得薩克多特的研究是在觀察隨機分配給不同家庭領養的孩子長大後的成就，結果發現在好的收養家庭中長大，可以讓他們的收入增加約二六％。所謂好的收養家庭包含許多因素：父母的上千個教養決策，還有家庭所在的社區。

切帝和共同作者探討形成期（formative years）的孩子，在父母條件不變的情況下，如果搬到不同的社區，對未來會有什麼影響。結果發現，把同樣的家庭成員送到最好的社區生活，可以顯著提升孩子的收入，而且增幅占薩克多特發現的父母總體影響很大一部分。

如果這些研究都是對的（它們都是非常嚴謹的研究），意味著選擇住家環境（房屋所在社區）這個因素，占家庭對孩子總體影響相當重要的一部分。

事實上，依據我彙整不同數字所做的估算，在父母的總體影響中，約有二五％，甚至更高比例是源自父母育兒的地點。換句話說，在父母必須做出的數千個艱難決定裡，其中一個決定的影響遠勝於其他，但是自助育兒書籍卻鮮少提到這個如此重要的決定。納特・希爾格（Nate Hilger）在《父母的陷阱》（*The Parent Trap*）一書中指出，在六十本最暢銷的育兒書中，沒有任何一本提供父母該在哪個地方育兒的建議。

如果在哪裡養育孩子是如此重要的決定，了解適合育兒的地點具備哪些共同特色應該會很有幫助，切帝和共同作者也針對這件事做了研究。

## 什麼樣的社區是好社區？

切帝和共同作者得出各個社區的育兒優勢度排名資料集後，就可以拿來和其他社區的資料集比對，藉此判斷有哪些因子最能用來預測一個社區是否適合育兒。那些有助於孩子取得最佳成就的社區，通常在少數幾個變數上也名列前茅。

如果你喜歡猜謎，可以猜猜從一個社區的哪些面向，能看出在當地長大的小孩未來表現會特別好。以下列出社區的八項特色，其中三項最能用來預測社區能否大幅提升孩子的未來收入，另外五項的預測能力則較差。[24]

- 周遭提供高薪資的工作數
- 學歷在大學以上的居民比例
- 該區就業機會漲幅大小

- 該區學校的師生比例
- 該區每位學生平均分得的學校經費
- 雙親家庭比例
- 繳回人口普查問卷人數的比例
- 人口密度（該區是市區、市郊或郊區）

你猜對了嗎？

預測社區提升孩子成就幅度的三大指標就是：

- 學歷在大學以上的居民比例
- 雙親家庭比例
- 繳回人口普查問卷人數的比例

不管你猜對幾個，現在可以想想這三大指標之間有什麼共通點，以及從這些共通點能得出什麼結論？到底決定一個社區適不適合育兒的因子是什麼？

這三大因子都和社區裡的大人有關，擁有大學學歷的成人通常較聰明且成功；雙親家庭中的大人家庭生活多半較為穩定；會繳回人口普查表的大人通常是積極公民。

由此可知，小孩接觸到的大人可能對他們未來發展的影響特別大。當然，社區成人的素質與孩子未來成就之間有相關性，並無法證明是這些大人造成這樣的結果。但是切帝和共同作者進一步研究後發現，孩子在社區內接觸到的成人，確實可能為他們創造顯著優勢。事實上，相較於好學校或蓬勃發展的經濟環境，正確的成人模範影響力更大。

## 個案研究一：模範女發明家的力量[25]

還有一項名為「在美國，誰會成為發明家？接觸創新的重要性」（Who Becomes an Inventor in America? The Importance of Exposure to Innovation）的研究，切帝等人結合大量資料集，包括稅務紀錄、專利紀錄與成績資料，希望藉此預測哪些孩子未來會在科學領域做出卓越貢獻。

有些研究結果在意料之內，例如年少時的成績是預測成功發明家的重要指標，小時候數學成績好的人，長大後取得專利的機會較高。

也有些結果雖不意外卻令人沮喪，像是研究人員發現孩子的性別與社經地位，會影響他們成為成功發明家的機率。遺憾的是，相較於成績相同的白人男孩來說，非裔美國孩童與女孩成為發明家的機會較低。

不過，有一項因素意外地對於孩子未來成為發明家的機率有顯著影響，就是在孩子的成長過程裡，同一個社區內的大人。如果孩子在小時候搬到一個有很多發明家的社區，長大後他們也較有可能成為發明家。而且這個影響高度集中於那些成人發明家所在的產業，如果孩子遷入的社區裡有許多醫療器材發明家，長大後投入醫療器材研發的機會也會較高。

驚人的是，這種社區內發明家的影響竟然有男女之分。切帝和共同作者發現，在女孩成長的過程中，周遭如果有女性發明家，她成為發明家的機率就會較高；但如果身邊是男性發明家，對於女孩未來成為發明家的機率則沒有影響。

小女孩如果看到身邊有不少成功的女性發明家，就會試著模仿這些女性，而且往往能夠成功。如果你希望女兒可以成為發明家，可以給予的最大幫助，就是讓她年輕時接近已經功成名就的女發明家。

## 個案研究二：模範黑人男性的力量[26]

另一項由切帝和共同作者所做的研究，旨在剖析美國黑人社會流動性的預測指標。遺憾的是，美國非裔男性的社會流動性低於白人男性。父母與小孩收入的圖表顯示，如果一名白人男性與一名黑人男性的父母收入相同，可以預期黑人男性長大後的收入會遠低於白人男性。

美國幾乎所有社區都呈現黑人男性社會流動性低的現象，但是他們在某些社區的情況稍微好一點。舉例來說，我們可以比較紐約市皇后村區（Queens Village）和辛辛那提西端區（West End）。在皇后村區出生的黑人男性，父母收入在第二十五個百分位，他本人未來的收入可望提升到第五十五．四個百分位；在西端區出生的黑人男性，父母收入在第二十五個百分位，他本人未來的收入則可望提升到第三十一．六個百分位。

不同社區的非裔美國男性會有不同的發展情形，這種現象該如何解釋？

有一個不太令人意外卻又讓人沮喪的變數，會影響非裔美國人的發展，就是種族歧視。切帝和共同作者發現，社區內種族歧視程度的各項指標，包括在Google上搜尋歧視言論，都與當地非裔美國男性的發展呈負相關。在《數據、謊言與真相》中，我曾介紹自己的研究，透過Google搜尋內容，發現美國社會中隱藏高度的種族歧視。切帝的研究也為美國種族歧視傷害性的本質，提供另一份

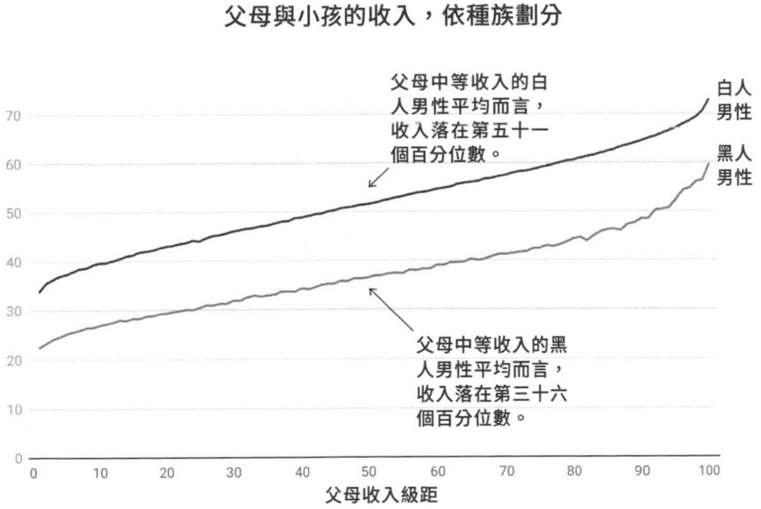


資料來源：機會洞察（Opportunity Insights）。以Datawrapper製表。

證據。

但是就像前一個個案一樣，這項研究也揭露一個會大幅影響黑人男性未來成就的驚人因子：成人模範。研究人員發現，其中一個最能有效預測黑人男性未來成就的指標，就是社區中有多少黑人父親。回到皇后村區與西端區的對比，前者有五六．二％的黑人男孩有父親陪伴成長，後者卻只有二〇．五％。

對年輕的黑人男性來說，周遭有許多黑人父親遠比有自己的父親在身旁來得重要，即使是沒有和自己的父親一起成長的黑人男孩，在皇后村區這樣有很多黑人父親的地方成長，表現也遠比在其他地方來得好。

## 成人模範的強大力量

為什麼社區裡的成人，對於判斷哪些女孩會追求成為科學家的夢想如此重要？又足以判斷哪些黑人男性可以避免遭受種族歧視的傷害？也影響許多其他孩子未來的發展？社區中不是小孩父母的成人對小孩影響力出奇地大，反而是孩子的父母帶來的影響有時候意外地小，我們該如何解釋這樣的結果？

一個可能的原因是，孩子對父母的感情很複雜。很多小孩會反抗父母，並試圖做出與父母相反的事。如果你受過極良好教育，又是好公民，或許孩子會受到啟發而追隨你的腳步，但是也許他們會想走自己的路，與你背道而馳。

不過，孩子與社區中其他成年人的關係單純得多，他們不會對同一條街道上的夫婦產生戀父或戀母情結，較可能將鎮上的其他成人視為崇拜的對象，並試著模仿他們的作為。任何父母都會遇到難以說服小孩依據自己期望行事的時候，但是可能會發現孩子自然而然就會想要追隨他們眼中其他成人的腳步。

本章提出的一些研究結果或許令人詫異，你原本可能以為家長對子女的總體影響較大；也或許認為住在西雅圖不會比住在洛杉磯，更能提高小孩未來的收入；或許也曾認為，街道那頭的女士不太可能會對女兒的職涯帶來什麼啟發。

本章中的研究結果，傳授我們幾個重要的教養啟示。從教養科學獲得的兩個主要結果，其實導向不同的意涵。第一個結果是，父母對孩子的總體影響驚人地低，這是收養和其他相關研究揭露的結果，意味著父母面對許多決策時，其實真的可以放寬心。

如果你是那種常常在晚上因為育兒問題，而不知所措、夜不成眠的父母，幾乎肯定你是為這件事過度焦慮。

其實針對大部分的教養決策，我甚至可能縱容一個你沒想過會從我口中聽到的處理方式：相信你的直覺。這並不是因為你的直覺有某種神奇的力量，會引導你找到正確答案，單純只是因為你要做的那些決定根本沒那麼重要。做自己覺得對的事，然後繼續前進，完全沒問題。在某些層面上來說，數據佐證單純、聽信直覺的做法。只要你做的決定有道理，就可以有信心地認為你已經盡力做到父母可以做到與最好的程度。

不過數據告訴我們，第二個結果是，教養的其中一環需要多加關注，就是你讓孩子接觸到哪些人。你在這方面的決定，就真的可能會影響孩子未來的人生。

如果你深受社區研究的啟發，可在先前提及的網站：https://www.opportunityatlas.org上找到互動式地圖，了解各個社區孰優孰劣。

但是即使你沒有完全按照數據來挑選社區，還是可以把研究結果的精神應用到教養上。簡單來說，讓孩子接觸到你希望他們模仿的大人是很合理的做法。如果你覺得生活圈中有些人有機會啟發孩子，就設計一些活動讓孩子和他們接觸，請那些可能成為孩子模範的人，向孩子描繪自己的人生並提供建議。

以往就有一些個案顯示，孩子早期的模範對於他們未來的方向會有很大的影響，這個論點在分析數千萬名美國人的數據後已經得到證明。

**接下來……**

稅務紀錄中的數據，可以幫助你了解如何讓孩子長大後的收入提高約一二%。但是如果你希望讓孩子在體育界闖出名堂呢？針對這個問題，也有一些新數據可以派上用場。

第三章

# 運動員全靠基因樂透？找對領域，不靠先天優勢也能一枝獨秀

你小時候的志向是什麼？以我來說，我有一個志向，而且僅此一個，就是想要成為職業運動員。*

如你所見，我愛運動成痴。而當我說**痴迷**，指的真的是投注全部心思。當我四歲時，父親帶我觀看紐約尼克隊（New York Knicks）的比賽，那是朱利葉斯．歐文（Julius Erving）在麥迪遜廣場花園（Madison Square Garden）的最終戰。†當時坐在周圍的粉絲聽到我背誦所有球員的數據，都以為我是成年侏儒，覺得像我這麼小的孩子不可能具備如此豐富的運動知識。

雖然其他人因為我那與年齡不相稱的運動知識而感到驚豔與欽佩，但是我本人對自己的處境反倒開心不起來。我在本章開頭就說過，我的夢想是要**成為**職業運動員，而不是當最**了解**職業運動員的人。我不禁想問：為什麼我不能當歐文，然後讓歐文當那個可以把我的三分球命中率背到小數點後第四位的人？

不過，當時有一個看似無從跨越的障礙阻礙我的夢想：我毫無運動天分。我是班上個子最矮的，而且任誰都看得出來我動作慢。如果你想逐項記下我的劣勢，我可以告訴你，我還很瘦弱。

最好的朋友蓋瑞特讓我的窘境更是一覽無遺，他是班上最高的人，是一個肌肉男，速度也很快。蓋瑞特比我會打籃球、會投球、會擊球、會接球、會踢足球、會跑步、會打躲避球，還會打邦佐球，甚至連我在下課時間為了打敗他而發明的各種遊戲，他還是比我在行。

如果住在隔壁兩個街區的好友在這些運動項目都比我強那麼多，我怎麼可能成為世界頂尖好手？我是毫無機會的夢想家，那個幻想著成為蓋瑞特的賽斯，一個被困在宅男身體裡的運動員。一言以蔽之，我玩完了。

……

……

……

* 我在《數據、謊言與真相》裡，在介紹NBA球員的個人背景數據有多麼驚人之餘，也曾提到我未盡的運動夢。朋友們，那是我人生中的重大一環。是的，研究並書寫這件事多少有些療癒效果。

† 譯注：歐文是傳奇球星，彈跳力與協調性驚人，由於場上彷彿有他在就能解決所有的問題，因此獲得「J博士」的稱號。

還是其實沒有？

我的父親米契爾．史蒂芬斯（Mitchell Stephens）是紐約大學（New York University）新聞系傑出教授，他真心為我感到遺憾。看到兒子如此想要某樣東西，卻沒辦法達成，那種感覺很難受，於是絞盡腦汁想幫助我。

我們史蒂芬斯家或許身高不如人、速度和體能也不如人，但是我們有該死的聰明才智！某天下午，父親穿著那件Old Navy睡褲，在看美式足球紐約噴射機隊（New York Jets）比賽時，突然靈光乍現。

「踢球員！」

「當那個應該不難。」父親說。我只要努力練習踢美式足球，直到成為頂尖射門員為止，成為職業運動員的夢想就達成了。

我們的計畫立刻啟動！

史蒂芬斯父子掛著驕傲的微笑，走進莫德爾運動用品店（Modell's Sporting Goods），買了一個踢球盤。

一開始，我幾乎無法踢起球，但是持續地練習、練習、再練習，早晚都練習，下雪、下冰霰、下雨都不停歇。一個男孩、一個踢球盤和他的夢想。

就這樣，朋友們，那就是我的故事。我這位來自紐澤西州市郊，既矮小又行動緩慢的猶太男孩，當上史丹佛大學足球校隊踢球員！

開玩笑的，這件事當然沒有發生。經過幾個月的練習，我已經可以穩定將球踢飛二十五英尺（約七．六公尺），我為自己的進步感到驕傲。有一天，我邀請蓋瑞特到家中看我表演，蓋瑞特表示也想試試自己可以踢多遠，儘管他從未踢過，但第一次就踢出八十英尺（約二十四公尺）遠。

我放棄當運動員了，開始練習數學和寫作，希望有一天我至少可以在一件事情上達成世界頂尖成就，分析是什麼讓其他男性得以實現我原先的夢想。

我最近剛發現一張資料科學家（也就是我）試圖（且未能）達成孩提夢想的照片。

科學記者大衛・艾普斯坦（David Epstein）在他的絕妙好書《運動基因》（*The Sports Gene*）中，談論到專精於運動所需的條件，那是針對這個議題極為重要的對話。艾普斯坦指出，雖然很多父母和孩子都冀望熱情與努力可以讓他們成為偉大的運動員，但有愈來愈多證據顯示，運動員的優秀程度有很大部分是由基因決定。

這一點在籃球領域格外鮮明。不用多說，你應該也知道，較高的籃球員較有優勢，但是你或許沒注意到身高帶來的優勢有多大。

事實上，我和其他學者的獨立研究都發現，身高每多一吋（二・五四公分），加入ＮＢＡ的機率幾乎倍增。六呎高男性與五呎十一吋（約一百八十公分）的男性相比，有近兩倍的機率進入ＮＢＡ。而且這個規律適用於所有身高，六呎二吋（約一百八十八公分）高男性加入ＮＢＡ的機率是六呎一吋（約一百八十五公分）高男性的將近兩倍；六呎十吋（約兩百零八公分）高男性加入ＮＢＡ的機率，則是六呎九吋（約兩百零六公分）高男性的近兩倍，以此類推。

身高的影響是如此之大，意味著身高不滿六呎的男性要躋身ＮＢＡ的機率只有一百二十萬分之一，而身高超過七呎（約兩百一十三公分）的男性加入ＮＢＡ的機率則約七分之一。

艾普斯坦進一步指出，科學家已經發現在許多運動項目上，都存在理想的身形與基因優勢。世界上最偉大的運動員通常都是在出生時就抽中基因樂透，讓他們擁有適合自己從事運動的體格。例如，上身長、腿短的人踢水時的扭矩較大，因此適合游泳，世界上最強的游泳選手通常都具有造就這類體態的基因；相反地，中、長程跑者最理想的身形是腿長，這樣步伐可以較大，最強的跑者通常都具備塑造這類身形的基因。

艾普斯坦注意到，史上獲得最多奧運獎牌的游泳好手麥可·菲爾普斯（Michael Phelps）和史上最偉大中程跑者希沙姆·格魯傑（Hicham El Guerrouj），身形有著鮮明對比。菲爾普斯身高六呎四吋，而格魯傑身高五呎九吋（約一百七十五公分），兩人的身高相差七吋（約十八公分），但是腿長居然一模一樣。或者按照艾普斯坦所說的是：「他們穿的褲子長度相同。」菲爾普斯腿短讓他成為泳界霸主，[1]而格魯傑的長腿則讓他稱霸中程賽跑。

艾普斯坦在書中提到的研究結果，或許會讓像我或我家其他成員一樣的人喪氣，我們夢想成為全球頂尖運動員，卻沒有獲得世界上最強的運動基因。有些父母或年輕人可能在看了艾普斯坦的書籍或類似著作後，放棄在運動領域取得成就的夢想，何苦和全球各地具備先天優勢的人競爭？

不過艾普斯坦的著作雖然極具開創性，卻只是一個開端，引發各界進一步探討，有哪些事情會影響運動員的成就。

基因無疑扮演重要的角色，但是有沒有可能基因在不同運動上的影響力落差極大？會不會有一些運動幾乎全由基因決定，又有一些運動較仰賴其他因素，像是你的熱情與努力？是不是像我父親假想的美式足球踢球員一樣，有幾種運動可以讓缺乏基因優勢的男孩或女孩，同樣有機會靠著熱情與努力達到巔峰？

等一下我就會提出數據，幫助我們看出各種運動對基因的仰賴程度，還有哪些運動最適合沒有基因天賦的人。但是在開始那些問題前，我想先分享派翠克．歐陸克（Patrick O'Rourke）發掘的幾項驚人數據，那些數據也和哪些運動可望給予沒有卓越技巧的年輕人最大成功機會這個問題有關。歐陸克的目標倒不是找出哪些運動不需要基因優勢，他想看的是每位運動員平均獎學金最多的運動。

## 哪項運動容易得到獎學金？[2]

歐陸克是註冊會計師，有天晚上他和朋友吃飯，聊起當時就讀高中的兒子，兒子在學校是優秀的棒球選手，但是表現可能沒有優秀到足以幫助他取得大學獎學金。朋友想出一個主意，也許歐陸克的兒子應該改練袋棍球，畢竟選擇袋棍球的人比較少，如果歐陸克的兒子把精力放在較少人投入的賽事上，可能相對容易取得大學獎學金。

歐陸克覺得這個想法很有意思，但是並未全盤接受朋友的說法，而是開始蒐集證據，化身為本書的英雄。他蒐集每項運動的高中選手人數，以及該運動可能得到的獎學金等數據。如此一來，他就可以建立「取得體育獎學金的難易度」（Ease of Getting a Scholarship Athlete）指標：某個運動項目的高中運動員取得獎學金的比例。

所以，資料指明什麼狀況？

歐陸克的朋友大錯特錯。沒錯，高中袋棍球男子選手比高中棒球男子選手來得少，但是大學提供的袋棍球獎學金也遠遠不及棒球獎學金。整體而言，袋棍球選手取得獎學金的比率是八十五比一；棒球選手獲得獎學金的比例則略高一些，達到六十比一。

歐陸克透過數據了解到更多事，之後他把這些數據放到ScholarshipStats.com這個個人網站上，和全世界的人分享。記者傑森・諾特（Jason Notte）率先整理這份資料。

這兩張圖表很驚人，誰曉得高中男子體操選手取得大學獎學金的機率是高中男子排球選手的九倍左右？或是高中女子划船選手取得大學獎學金的機率是高中女子越野跑選手的近三十倍？話雖如此，不過歐陸克也指出瀏覽這些數據時，要特別留意一些潛在問題。例如，有些取得獎學金機率高的運動，可能因為很少高中有該項運動的編制，迫使運動員不得不加入收費高昂的俱樂部團隊。此外，有些獎學金金額很低。在歐陸克的網站上，關於各項運動的資訊多上許多。

如果你或孩子正在考慮要專攻某項運動，而且希望未來可以在大學打校隊，可以參考ScholarshipStats.com的資訊，至少美國父母應該看看。然而別忘了，艾普斯坦的名著中指出的重點，許多運動項目都需要基因加持，如果你沒有就很難達到巔峰。

所以，哪些運動最需要適合的基因，哪些運動最不需要？我發現要了解基因是不是一個人能否在某項運動上取得成功的關鍵一環，可以計算投入那項運動的同卵雙胞胎有多普遍。

**男性參與各項運動取得大學獎學金的機率**

| 運動項目 | 高中選手數 | 可申請的大學獎學金 | 高中選手數和大學選手數比例 |
|---|---|---|---|
| 體操 | 1,995 | 101 | 20:1 |
| 擊劍 | 2,189 | 99 | 22:1 |
| 冰上曲棍球 | 35,393 | 981 | 36:1 |
| 美式足球 | 1,122,024 | 25,918 | 43:1 |
| 高爾夫球 | 152,647 | 2,998 | 51:1 |
| 高山滑雪 | 5,593 | 107 | 52:1 |
| 射擊 | 2,668 | 47 | 57:1 |
| 籃球 | 541,054 | 9,504 | 57:1 |
| 棒球 | 482,629 | 8,062 | 60:1 |
| 足球 | 417,419 | 6,152 | 68:1 |
| 游泳與跳水 | 138,373 | 1,994 | 69:1 |
| 網球 | 191,004 | 2,417 | 79:1 |
| 袋棍球 | 106,720 | 1,251 | 85:1 |
| 越野跑 | 252,547 | 2,722 | 93:1 |
| 田徑 | 653,971 | 5,930 | 110:1 |
| 水球 | 21,451 | 126 | 170:1 |
| 角力 | 269,514 | 1,530 | 176:1 |
| 排球 | 52,149 | 294 | 177:1 |

資料來源：ScholarshipStats.com；表格由諾特在Marketplace網站首創。

**女性參與各項運動取得大學獎學金的機率**

| 運動項目 | 高中選手數 | 可申請的大學獎學金 | 高中選手數和大學選手數比例 |
|---|---|---|---|
| 划船 | 4,242 | 2,080 | 2:1 |
| 馬術 | 1,306 | 390 | 3:1 |
| 橄欖球 | 322 | 36 | 9:1 |
| 擊劍 | 1,774 | 134 | 13:1 |
| 冰上曲棍球 | 9,150 | 612 | 15:1 |
| 高爾夫球 | 72,172 | 3,056 | 24:1 |
| 體操 | 19,231 | 810 | 24:1 |
| 滑雪 | 4,541 | 133 | 34:1 |
| 射擊 | 1,587 | 46 | 35:1 |
| 足球 | 374,564 | 9,266 | 40:1 |
| 籃球 | 433,344 | 10,165 | 43:1 |
| 袋棍球 | 81,969 | 1,779 | 46:1 |
| 游泳與跳水 | 165,779 | 3,550 | 47:1 |
| 網球 | 215,737 | 4,480 | 48:1 |
| 壘球 | 371,891 | 7,402 | 50:1 |
| 排球 | 429,634 | 8,101 | 53:1 |
| 草地曲棍球 | 61,471 | 1,119 | 55:1 |
| 水球 | 18,899 | 344 | 55:1 |
| 越野跑 | 218,121 | 3,817 | 57:1 |
| 田徑 | 545,011 | 8,536 | 64:1 |
| 保齡球 | 25,751 | 275 | 94:1 |

資料來源：ScholarshipStats.com；表格由諾特在Marketplace網站首創。

## 雙胞胎研究告訴你基因對運動能力的影響

行為基因學家研究的是，成年人為什麼會長成現在的樣貌，例如為什麼有些人支持共和黨，而有些人支持民主黨。有多少由基因決定，又有多少是後天養成？

然而，要拆解這些因子並不容易。最大的障礙是什麼？就是擁有相同基因的人通常也在相同的環境中長大。

以手足為例。

平均來說，無論從哪一個面向做測試，手足間的相似性都會比隨機抽樣的路人來得高。例如，比起隨機配對的人，手足政治理念相同的機率遠遠高出許多。我的弟弟諾雅幾乎永遠贊同我的政治分析，我們都仰慕歐巴馬，討厭唐納・川普（Donald Trump）。

不過，為什麼會這樣？難道諾雅和我的DNA上刻著相同的基因，讓我們會受到歐巴馬充滿希望與改變的訊息所感動，並且因為川普的說詞而倒盡胃口？當然有可能，我和諾雅有五成的DNA相同。

還是說諾雅和我的政治信念相同，是因為我們小時候腦袋裡就留下相似印記？這也不無可能，小時候我們常常一邊吃晚餐，一邊聊政治，父母也都支持民主黨。我們居住的自由派社區位在紐約市外圍，因此朋友也會強化支持民主黨的想法。

諾雅和我共享先天基因與後天教養。

德國基因學家赫爾曼・沃納・西門子（Hermann Werner Siemens）想到一個巧妙的解決方法，我們可以利用自然實驗（natural experiment）的方法，也就是觀察雙胞胎。*

每一千次懷孕中，約有四次會發生受精卵分裂成兩個胚胎的情況，孕育出同卵雙胞胎，[3]這些兄弟或姊妹的基因百分之百相同。

每一千次懷孕中，約八次會出現異卵雙胞胎的情況，也就是兩顆不同的卵子同時由不同的精子受精。同性別異卵雙胞胎就像同卵雙胞胎一樣，出生年月日相同，而且成長過程基本上也完全一致。不過有別於同卵雙胞胎的是，異卵雙胞胎平均只有五成的基因相同。

如此一來，先天與後天的爭論就可以利用一些代數方程式求解。細部計算我就饒過你吧！重點是：如果某一項特質主要由基因決定（即最重要的是天性），這項特質在同卵雙胞胎間就會比異卵雙胞胎間相似許多。當然，大部分的特質都會同時受到先天與後天影響，但是利用代數方程式就可以算出先天與後天確切的影響程度各占多少。

無論在什麼情況下，這些簡單的方程式都會帶來極大影響，進而影響這個社會。至少有一項改變就是，在發現雙胞胎對行為研究的價值有多高後，俄亥俄州雙胞胎城（Twinsburg）的年度雙胞胎節（Twins Days Festival）就和過去不同。4

雙胞胎城是在一八二三年命名，當時摩斯．威爾柯斯（Moses Wilcox）和亞倫．威爾柯斯（Aaron Wilcox）這對同卵雙胞胎商人，除了有錢有地外，還有一點幽默感。他們和俄亥俄州米勒斯威爾（Millsville）小鎮談成協議，兩人捐助該鎮六英畝土地打造城鎮廣場，以及二十美元興建學校，小鎮則要改名雙胞胎城作為回饋。

一九七六年，雙胞胎城的居民想出一個符合鎮名的完美夏季活動：專門給雙胞胎的嘉年華。全世界的雙胞胎都會齊聚一堂，有些雙胞胎的名字很酷，像是柏妮絲與沃妮絲、傑納哈與傑瓦哈、卡洛琳與夏洛琳。有些人則會穿上酷炫的T恤，上面印著像是「小心！有兩個我」、「我是邪惡的那一個」、「我是艾瑞克，不是德瑞克」。雙胞胎會舉

＊譯注：自然實驗是一種實證研究。研究人員無法控制實驗組和對照組，因此直接用觀察的方式進行研究。

辦才藝秀、遊行，甚至還辦過婚禮。一九九一年的雙胞胎節慶典上，道格．莫姆（Doug Malm）與飛利浦．莫姆（Philip Malm）這對三十四歲的同卵雙胞胎，結識現在的妻子潔恩和潔娜這對二十四歲的同卵雙胞胎。四人在兩年後結婚，婚禮就選在一九九三年的雙胞胎節慶典上舉行。

數千對雙胞胎一起廝混，帶來的樂趣沒有極限，我的意思是，除了科學家外，沒有人會來破壞興致。科學家聽說上千對同卵與異卵雙胞胎會在同一個週末聚集到同一個地點後，立刻脫下實驗袍、拿下護目鏡，帶著鉛筆與筆記板，直奔雙胞胎城。這些科學家把一年一度的雙胞胎節慶典，從有趣又幽默的週末變成加上各種填表與測驗的有趣又幽默週末。

科學家手上握有將雙胞胎的相關性轉換成論文的方程式，現在他們前往雙胞胎節的現場，支付幾美元請與會者幫忙回答想要詢問的問題。

想知道天性對信任行為的影響有多大？有一群科學家到雙胞胎節慶典上尋找答案，他們邀請每對雙胞胎各自和其他人玩信任遊戲，看玩家是否有辦法靠著合作賺到更多獎金。科學家發現，相較於異卵雙胞胎，同卵雙胞胎會一樣選擇與他人合作，或選擇不太合作的機率都較高；換句話說，同卵雙胞胎對他人的信任情況通常很類似。把這些數據代入方程式中，即可得出信任行為的差異有一〇％是先天造成的。[5]

想知道先天因素對我們辨識酸味的影響有多大？有一群科學家到雙胞胎節慶典上尋找答案。他們募集七十四對同卵雙胞胎與三十五對異卵雙胞胎，請他們飲用不同酸度的飲料，再請受試者判斷味道。科學家比較每對同卵雙胞胎與異卵雙胞胎開始感受到酸的酸度等級相似性有多高，再把結果代入方程式中，結果發現辨識酸味的能力差異有五三％歸因於先天因素。[6]

想知道天性對一個人成為霸凌者的傾向影響有多大？一群科學家利用母親與教師對雙胞胎霸凌行為的報告做研究，結果發現有六一％可用天性解釋。[7]

科學家甚至找出哪些基因可能與霸凌傾向相關，例如在rs11126630這個位置出現T等位基因，孩提時的攻擊性通常會大幅減低，理論上也會讓霸凌的傾向降低。[8]

這項科學發現讓我最愛的一點就是，讓我們找到對付霸凌者的終極說詞。

在我小時候，班上有一個非常討厭卻又有點小聰明的惡霸，對一位陰柔的書呆子說：「你一定是少了Y染色體！」言下之意就是那個書呆子沒有男子氣概。阿宅當時就可以反擊，「嗯，你在rs1126630的位置少了一個T等位基因。」暗指霸凌者攻擊性過剩。

過去二十年來，世界各地的科學家靠著雙胞胎實驗，幾乎計算出所有事情受先天與後天影響的程度比重，但是卻不包含在特定運動上能否取得世界級運動能力。

我決定要來看看，能否找到幫助我回答這個問題的資料。

## 籃球基因

如果某項運動需要的技能高度仰賴基因，科學告訴我們，在這個領域的最高殿堂中應該會有非常多同卵雙胞胎。

回到籃球的話題，能否成為優秀的籃球員，有很大程度取決於身高這項由基因決定的特質。

籃球界頂尖的同卵雙胞胎驚人地多，NBA有史以來總共出現十對雙胞胎兄弟，其中至少有九對是同卵雙胞胎。[9]

實際上，假設NBA球員的父母生出同卵雙胞胎的比例，大致與總體平均相同，上述數據意味著，NBA球員的同卵雙胞胎兄弟成為NBA球員的機率超過五成。相對地，美國男性成為NBA球員的機率平均只有三萬三千分之一。[10]

行為基因學家為了研究其他特質而建立雙胞胎方程式，我用那些方程式設計一套模型。[11]（如果你是超級阿宅，可以到我的網站上查詢這個模型詳細的數學運算過程與程式碼。）依據我的最佳估算結果，一個人成為籃球員的能力差異有七五％是由天性決定。因此要打籃球打到登上NBA殿堂，真的非常、非常、非常、非常、非常仰賴基因。

有趣的是，球探可能尚未完全認清基因在籃球領域有多麼重要。一篇刊登在《運動畫刊》（*Sports Illustrated*）的文章，討論球探衡量同卵雙胞胎的障礙。[12]一位東區聯盟（Eastern Conference）球探描述當時挖掘哈里森這對（同卵）雙胞胎的過程，他提到亞倫．哈里森（Aaron Harrison）和安德魯．哈里森（Andrew Harrison）時表示：「他們非常像，我還是搞不清楚到底誰是誰，那位投進關鍵致勝球的人是兩人中較弱的。你會在心裡分成一好一壞，結果壞的那個人上場，還投出致勝球，然後你會想大罵：『噢，該死！』」一位高層人士提出可以判斷雙胞胎中哪一位前景較光明的有趣策略：看母親，他指出：「媽媽幫較弱球員歡呼的次數通常會更多。」

不知道球探是不是藉由分析母親的反應，在三次選秀排名裡，都非常肯定地認為雙胞胎中的一位比另一位大有前途，讓他在ＮＢＡ選秀中領先另一位二十名。但是每一次被球探認為表現較差的雙胞胎，和他的兄弟在球場上的表現相比，遠遠沒有選秀結果預期得那麼懸殊。*這些球探如果不管雙胞胎母親的歡呼習慣，只要假設雙胞胎最終表現都會差不多，反而可以獲得較好的結果，畢竟這些人的ＤＮＡ完全相同。

基因對籃球員實在太重要了，沒有正確的基因卻試圖成為籃球選手並非明智的賭注。但是在其他運動上，基因就相對沒有這麼重要，讓我們先來看看美國其他的主流運動。

## 影響不大的棒球與美式足球基因

在棒球領域裡，總共有一萬九千九百六十九人曾出戰美國職棒大聯盟（Major League Baseball, MLB），其中約有八對同卵雙胞胎。換句話說，大聯盟選手的同卵雙胞胎手足約有一四%的機會可以登上大聯盟，遠低於職籃球員的雙胞胎手足到達巔峰的機率，而且要成為職棒球員的機率還是成為職籃選手的三倍。

對同卵雙胞胎來說，美式足球和棒球的狀況差不多。曾在國家美式足球聯盟（National Football League, NFL）出賽的兩萬六千七百五十九人中，約有十二對同卵雙胞胎。換算下來，國家美式足球聯盟選手的同卵雙胞胎手足，約有一五％的機率也可以成為職業美式足球員。

從數據可以明顯看出，相較於籃球而言，棒球或美式足球的技巧沒有那麼依賴基因決定。我用模型得出的最佳預估結果是，基因對棒球和美式足球技巧的影響約為二五％。

換句話說，基因對美式足球和棒球的重要性不到籃球的一半。

---

＊ 依據亞倫・巴爾奇萊（Aaron Barzilai）得出的方程式，以第五十二名被選上的賈朗・科林斯（Jarron Collins）的勝利貢獻值（Win Shares），應該只有以第十八名被選上的傑森・科林斯（Jason Collins）的一六％，但實際數字卻是七八％。依據相同的方程式，未被選中的史蒂芬・格雷厄姆（Stephen Graham）勝利貢獻值，應該是以第十六名被選上的喬伊・格雷厄姆（Joey Graham）的不到九・四％，但實際數字卻是二一・八％。未被選中的迦勒・馬丁（Caleb Martin）勝利貢獻值，應該是以第三十六名被選上的科迪・馬丁（Cody Martin）的不到二七％，但實際數字卻是四八％。巴爾奇萊的方程式可參見網站：https://www.82games.com/barzilai1.htm。

## 幾乎不存在的馬術與跳水基因

我們可以把這套分析方法套用到更多運動上，再次看到ＤＮＡ對不同運動的重要程度存在天壤之別。

前職業高爾夫球選手比爾．馬隆（Bill Mallon）因為手肘開刀而退休，之後迷上奧林匹克統計，他現在是狂熱的奧林匹克史學家與國際奧林匹克委員會（International Olympic Committee, IOC）的數據提供者。在他蒐集的數據中，有一份就是：曾參加奧運的雙胞胎，以及兩人是否為同卵雙胞胎的粗估。他非常慷慨地和我分享這些數據。

有些奧運項目參賽者裡，同卵雙胞胎驚人地多。

例如角力，在六千七百七十八位奧運角力選手中，總計約有十三對同卵雙胞胎。[13] 換句話說，奧運角力選手的同卵雙胞胎手足成為奧運角力選手的機率超過六〇%。

這是因為同卵雙胞胎在成長過程中會一起玩摔角嗎？不太可能。異卵雙胞胎和同性別手足也可以互玩摔角，但是按照我的估算，他們登上奧運殿堂的機率大概接近二%左右。相反地，角力圈會有這麼多同卵雙胞胎，意味著基因是決定角力才能的關鍵。其他同卵雙胞胎占有較高比例的奧運項目，還有划船和田徑。

然而從馬隆的數據可以看出，有些奧運項目的同卵雙胞胎選手數少很多，意味著基因在決定誰可以登上最高殿堂這件事，影響相對輕微。

像是射擊，在七千四百二十四位曾參加奧運的選手中，只有兩對同卵雙胞胎，這意味著奧運射擊選手的同卵雙胞胎手足，約有九%的機率可以成為奧運選手。由此可知，射擊能力由基因決定的部分不高。還有一些運動，包括跳水、舉重及馬術，完全沒有同卵雙胞胎出現，代表這些運動的技巧受基因影響小，也代表一個人即使沒有非凡的基因天賦，可能也有機會憑藉熱情與努力在這項運動中取得成就。

所以，我們要如何看待這些最不仰賴基因的運動？

其中有幾項顯然是一般人不容易投入的運動，例如馬術的成本非常高，這就是很多有錢人的小孩專攻馬術的原因。其中一個馬術之所以長年來不怎麼受基因影響的因子，可能就是很多具有非凡騎馬天賦的人（無論是什麼樣的基因），都未曾投入這項運動。

不過現在你不用花那麼多錢也能學騎馬，並且好好利用熱情與努力是馬術這項運動成功的主要驅動力特性。很多網站都介紹如何不花大錢，仍然可以投入馬術運動，例如

**成功的基因**

| 運動項目 | 同性別的同卵雙胞胎所占比例（數值愈高代表這項運動愈仰賴基因） |
|---|---|
| 奧運田徑選手 | 22.4% |
| 奧運角力選手 | 13.8% |
| 奧運划船選手 | 12.4% |
| NBA球員 | 11.5% |
| 奧運拳擊選手 | 8.8% |
| 奧運體操選手 | 8.1% |
| 奧運游泳選手 | 6.5% |
| 奧運輕艇選手 | 6.3% |
| 奧運擊劍選手 | 4.5% |
| 奧運自行車選手 | 5.1% |
| 奧運射擊選手 | 3.4% |
| 國家美式足球聯盟球員 | 3.2% |
| 職棒大聯盟球員 | 1.9% |
| 奧運高山滑雪選手 | 1.7% |
| 奧運跳水選手 | 0% |
| 奧運馬術選手 | 0% |
| 奧運舉重選手 | 0% |

資料來源：作者計算；馬隆提供的奧運選手數據。

https://horserookie.com/how-ride-horses-on-budget/。

我常想到布魯斯・史普林斯汀（Bruce Springsteen），寫作時也常聽他的歌曲。這次在繪製成功基因圖表時，我又想起他，可能有部分原因就是我一邊寫，一邊聽他的歌。

史普林斯汀最著名的作品就是〈為跑而生〉（Born to Run），雖然歌詞內容是在講述想要逃離一座小鎮的心情，但是歌名也可以用來形容同卵雙胞胎運動員的分析結果，畢竟田徑就是最仰賴基因的運動之一。

史普林斯汀的女兒潔西卡・史普林斯汀（Jessica Springsteen），在四歲就愛上騎馬，最終成為全球頂尖的馬術好手，在東京奧運勇奪銀牌。

史普林斯汀說我們有些人是「為跑而生」也許是對的，不過數據和他女兒的故事告訴我們，即使我們這些沒有與生俱來，超強運動特長的人，也可以「學會騎馬」（Learn to Ride）。此外，我們也可以學會跳水、舉重或射擊。

**接下來……**

成為偉大運動員是致富的途徑之一，但不是唯一的途徑。新的稅務紀錄揭露美國富人的背景，而那些富人未必是你會率先想到的那群人。

第四章

# 致富機率最高的六大產業：三個條件，找到快速致富的領域

想聽一個無聊的故事嗎？（你看看，我是不是很會把開場白寫得引人入勝？）

凱文．皮爾斯（Kevin Pierce）是一位啤酒批發及配銷商人，*在一九三五年美國禁酒令（Prohibition）剛解除不久，他的祖父就創辦 Beeraro，現在換皮爾斯當老闆。公司創立之初，啤酒批發與配銷是振奮人心的行業。祖父曾開玩笑地表示，在他創業時，誰開的車最快、槍最大把，就可以賣最多啤酒。不過現在這個時代，啤酒批發與配銷和許多其他行業一樣，不脫一堆試算表與會議。

每天早上八點，皮爾斯就會抵達四百平方英尺（約十一坪）大，由他和一位業務經理與團隊主管共用的辦公室。他一到就會開始看數字：前一天的銷售額與毛利走勢。皮爾斯可能會和供應商召開一到兩場會議，進行議價，也可能找駕駛聊聊（特別是當駕駛出現送貨延遲的情況時）。他聘僱一個訂價諮詢團隊，到公司後，有時也會找他們諮詢，想辦法把每批貨物的利潤最大化。

雖然啤酒是晚上喝的，但是啤酒批發與配銷的工作在早上和下午最為忙碌，大部分的連鎖零售商店都希望貨品能在早上送達，而酒吧、餐廳大多希望送貨時間在午餐前後，因此皮爾斯的工作日總是在下午四點和五點之間結束。

皮爾斯也賺了很多錢，他說這些年來已經靠著這門生意賺進數百萬美元。事實上，皮爾斯只是剛好投身美國最有機會成為百萬富翁的行業。經濟學家最近利用新取得的稅務資料進行估算，找到一群老闆收入經常能達到全美前〇．一%的企業，啤酒批發與配銷商正是其中之一。

皮爾斯的收入很穩定，狀況好時，獲利可能比預期高二%或三%；狀況不好時，或許會低二%或三%。

皮爾斯也承認自己的工作有時候「超級無聊」，而且他「已經開始厭倦試算表」。雖然啤酒至少讓這一行多少增添幾分性感的色彩，但他表示自己的日常工作和販賣衛生紙差不多。

不過與朋友的工作相比，皮爾斯對自己的工作很滿意。他已經漸漸體悟到，每一年都能賺進大把鈔票，而且五點就可以下班，這種工作條件真的算不錯了。朋友最近評論皮爾斯的生活時表示，皮爾斯擁有一棟漂亮的房子、操之在己的行事曆及穩定的收入。

---

* 這個故事中的人名與部分細節經過調整。

「我需要一份和你一樣的事業。」朋友這麼對他說。

皮爾斯則是這樣為他的事業下了這樣的結論：「真的很無聊，但是每一天我們都可以賺更多、更多錢。」

## 哪些人最有錢？

美國哪些人很有錢？

其實直到幾年前，我們都只能有限度地回答這個問題。當然我們大概都知道有哪些行業較可能讓人發財，也多少有概念，知道那些在高盛（Goldman Sachs）工作的人比老師賺更多錢（高盛員工是否**應該**賺得比老師多是另外一回事）。

但是直到幾年前，都還沒有任何針對**全體**美國人，包括最有錢的那些人進行的完整研究。我們一直以來都只能藉由兩個有缺陷的管道，來判斷哪些美國人最富有。

第一，我們可以問人。但是有很多人不希望別人知道自己賺多少錢，讓狀況變得複雜。傑克·麥克唐納（Jack MacDonald）是律師兼投資人，[1]他住在華盛頓的一房公寓內，身穿破爛上衣，還會為了省錢，蒐集雜貨店的折價券。當他過世時，卻捐出靠著投資賺到的一億八千七百六十萬美元，震驚眾人。相反地，安娜．索羅金（Anna Sorokin）在二〇一三年移居紐約市後，立即躋身紐約市上流社交圈，[2]她告訴其他人，自己繼承六千萬美元的信託基金。她在最高檔的餐廳用餐、入住最奢華的飯店，還讓朋友先墊錢，告知之後會償還。她最後因為向多人與數家機構詐財而遭到逮捕，鋃鐺入獄，大家這才發現她已經破產的祕密。大部分的人都不像麥克唐納或索羅金那麼極端，但是在複雜的當代生活社交舞中，許多人會故意誇大或掩飾自己的財富。

第二，就是聽一些有錢人的故事，這些故事可能透過媒體得知。不過我們所知的那些有錢人，顯著偏重人生故事有趣到值得一提的族群，因此我們對於有錢人的想法，嚴重偏向故事引人入勝的富豪。

幾年前到底發生什麼事，讓我們終於可以更全面地了解美國富翁？這件大事就是學術界終於獲准，和美國國稅局合作研究全美稅務人的數位化資料。（所有資料都經去識別化與匿名處理。）其中一個研究團隊——馬修．史密斯（Matthew Smith）、丹尼．雅岡（Danny Yagan）、歐文．席達（Owen Zidar）及艾瑞克．哲維克（Eric Zwick），我之後都稱為「稅務資料研究團隊」，他們利用這些資料探究最有錢美國人的總體職涯發展。

在討論他們的研究結果前，我必須先做一段重要的公共服務宣言，不這麼做的話，我怕會被信奉社會主義、已故猶太祖父母的亡魂大吼，就是：賺大錢未必是適切的人生目標，也未必會帶給人快樂。第八章和第九章會討論與幸福快樂相關的資料科學研究，以及在追求快樂的過程中，金錢和其他因素扮演的（有限）角色。

## 八四%的生財之道在於自有事業

好，現在就來看看有錢人的生財之道。

讓我們先從不那麼驚人的發現談起：稅務資料研究團隊發現，美國有錢人大多擁有自己的事業，而不是靠薪水賺錢。更準確地說，財富位居全美前〇・一%的人中，只有約二〇%的人收入主要來自薪資。* 在這些有錢的美國人裡，八四%的人至少有部分收入來自自己的事業。

當然還是有一些富豪藉由向組織領取薪資，累積財富的著名實例。試想那些企業執行長，如摩根大通（JPMorgan Chase）的傑米．戴蒙（Jamie Dimon），年薪超過三千萬美元；或是知名主播，如ＮＢＣ新聞台的萊斯特．霍爾特（Lester Holt），年薪超過一千萬美元；或是頂尖運動團隊的教練，如大衛．肖（David Shaw），史丹佛大學在二〇一九年付給他八百九十萬美元的薪資。[3]

不過從數據可以得知，這些藉由薪資致富的途徑較為少見。稅務資料研究團隊發現，在前〇．一％的富人裡，每一位靠著薪資達到這個地位的員工，可以對應到三位靠著經營事業獲利達到這個地位的企業主；或者以另一個角度來思考這件事，就是在富豪中每出現一位戴蒙（員工）就會有三位皮爾斯（企業主）。†

即使某個人的薪資高得誇張，像一些運動明星那樣，也不會變得和擁有正確資產的人一樣富有。尼克．馬吉烏利（Nick Maggiulli）這位資料科學家最近指出一件有趣的

＊ 在其餘前一％的有錢人裡，約四〇％的人主要收入是薪資。研究期間，想成為全美前一％的富人，年薪要達到三十九萬美元；如果想躋身全美前〇．一％，就必須賺一百八十五萬美元。

† 如果是其餘前一％的人，靠薪資致富的員工和靠生意致富的企業主人數差不多。

事，在兩萬六千個曾出戰國家美式足球聯盟的男性裡，你知道誰最有錢嗎？答案是傑瑞·理查德森（Jerry Richardson）。[4]他是誰？他是已經退役的外接員，在國家美式足球聯盟的兩個賽季中，總共接到十五顆隊友傳球。從美式足球退役後不久，理查德森就創辦自己的事業，購買並擴張速食店哈帝漢堡（Hardee's）的店面，入股五百家以上哈帝漢堡的店面，為他建立淨值超過二十億美元的財富。相反地，史上最偉大的外接員傑瑞·萊斯（Jerry Rice），在二十年的球員生涯中，總共接了一千五百四十九次傳球，據估算有四千兩百四十萬美元入袋。財富數學式可以這麼寫：十五次職業生涯的接球數＋五百間哈帝漢堡的價值，是一千五百四十九次職業生涯的接球數＋零間哈帝漢堡的大約五十倍以上。

順帶一提，理查德森運用自己的財富，成為卡羅萊納黑豹隊（Carolina Panthers）創辦人之一，但是因為被指控在職場的發言具性暗示又涉及種族侮辱，而被迫出清所有股份。因此，請注意要從理查德森的故事吸取正確的教訓：故事重點是擁有資產這件事對於建立財富的重要性，而不是怎麼當一個好人。

## 最難以致富的行業

擁有自己的事業是在美國致富的主要途徑，但是不保證你一定會發財。每一位每年都可以穩定賺大錢的皮爾斯，都可以對應到更多創業後就倒閉的人，還有許多人雖然開創事業，卻只能勉強擠出一點獲利。

在商場上，是什麼決定成敗？選擇進入哪個領域至關重要。有些行業可以催生好生意，讓企業主很有機會發大財，但有些行業就不是如此。

讓我們從後者開始，談談那些難賺的事業。

田恩．羅（Tian Luo）和菲利浦．史塔克（Philip B. Stark）檢視哪些行業企業主的事業存活率最低。[5]他們利用美國勞工統計局（Bureau of Labor Statistics）的大量資料集進行研究，該資料集涵蓋所有在美國營運的事業。

事業存續期間最短的行業是哪一個？唱片行。唱片行平均撐二．五年就會倒閉。換句話說，典型的唱片行生涯軌跡就和許多啟發店主的搖滾巨星一樣：短暫，但成功吸引迷妹。

這是資料揭露的規則之一：看似誘人的行業——那些孩子可能會想成立的事業，往往很快就會關門。快速倒閉的企業清單上，還有電子遊樂場、玩具店、書店、服飾店及美妝店。

換句話說，這項研究提供有意創業的人重大警告。如果想投入孩提時夢想的誘人行業，一定要格外小心。

這些行業往往競爭極為激烈，你很難從中脫穎而出，還有可能在短時間內就損失大筆金錢。（我必須承認，確實有些創業領域既誘人、成功機率又高，待會兒就會提到，但是要投入那些行業需要極具天賦，還得為事業奔忙。）

**看似誘人但保證快速失敗的途徑**

| 行業別 | 領域內企業平均存續時間（作為比較，牙醫診所平均存續時間是19.5年） |
|---|---|
| 唱片行 | 2.5年 |
| 電子遊樂場 | 3.0年 |
| 玩具模型、玩具及遊戲店 | 3.25年 |
| 書店 | 3.75年 |
| 服飾店 | 3.75年 |
| 美妝店 | 4.0年 |

資料來源：羅和史塔克（2014）。

## 最可能創造財富的行業

那麼，哪些行業最可能創造財富？

稅務資料研究團隊記錄各領域中，有多少企業主可以躋身全美收入前〇．一%的行列。有興趣的人可以參考下表，擷取自研究團隊放在線上附錄的表J.3。*

圖表中的五個行業孕育最多富豪企業家，不過用這個圖表來判斷獲取財富的最佳途徑可能會被誤導，以下我將解釋箇中原由。

* 無聊的技術性重點：本章之後提到的數據都會是小型企業股份公司（S-Corporation）的數據，它是美國最熱門的創業類型。除非特別說明，否則我只針對這類型的企業進行討論。

**最多百萬富翁的前五大行業[6]**
**（注意：如果想選擇最棒的行業，不要被這個圖表誤導）**

| 行業別 | 企業主躋身全美收入前0.1%的人數 |
| --- | --- |
| 房地產租賃 | 12,573 |
| 房地產相關事業 | 10,911 |
| 汽車經銷商 | 5,236 |
| 醫生診所 | 4,711 |
| 餐廳 | 4,471 |

資料來源：史密斯等人（2019）的線上附錄；此處僅擷取小型企業股份公司的資料。

所以意思是說每個人都應該辭職，到這些稅務資料研究團隊發現富豪最多的行業創業嗎？致富之路就是開餐廳，然後試圖加入四千多位有錢老闆的行列？那位蒐集祖母的食譜並開披薩店的女子，難道不只是追隨自己的夢想，還追隨數據？

不是這樣的，單就這個圖表來看哪些行業適合創業會被數據誤導，原因在於：它只顯示在該行業創業**致富**的人數，並未考量到總**創業**人數。有些行業排名高，只是因為這個領域創業的人非常多，而不是因為創業致富的人占比高。

回到餐廳這個主題，我分析公開的人口普查資料後發現，餐廳是美國最受歡迎的創業類別。全美有超過二十一萬家餐廳，意味著四千四百七十一位餐廳老闆只占總數的二%左右。換句話說，開餐廳並不是致富機率特別高的選擇。如果你遇過許多有錢的餐廳老闆，很大一部分的原因是餐廳老闆太多了。

相反地，有些領域致富的機率大上許多。想想汽車經銷商，那是另一個在稅務資料研究團隊的圖表中名列前茅的行業。依據人口普查資料，全美總共只有兩萬五千兩百家汽車經銷商。換句話說，五千兩百三十六位有錢的汽車經銷商占總企業主比例高達二〇・一%。也就是說，汽車經銷商這個領域幫助企業主成為全美收入前〇・一%的人的機率，比餐廳高十倍左右。

## 致富機率最高的創業領域

我將稅務資料研究團隊的數據與公開的人口普查資料結合，試圖找出致富機率最高的創業領域。* 我找出所有同時符合以下兩個條件的行業別：

- 第一，**至少一千五百名企業主躋身全美收入前〇・一%的族群**。這意味著許多人藉由這個途徑致富。
- 第二，**該領域中老闆躋身全美收入前〇・一%的企業至少占一〇%**。這肯定有不少踏上這條創業路的人都發財了。

* 雖然想知道細節的人應該非常少，但是假如你有興趣，就讓我來說明一下。稅務資料研究團隊的線上附錄中，表J.3依行業記錄小型企業股份公司企業主躋身全美收入前〇・一%的人數；而美國人口普查局（U.S. Census Bureau）的年度美國商業數據表（SUSB Annual Data Tables）也是依行業劃分資料，記錄小型企業股份有限公司總數與各行業公司數，我比較的就是這兩個表格的數據。

在上百個創業領域裡，只有七個行業同時符合這兩項要件，不只有錢人的人數多，致富機率也高，參見下表。

我們該如何解讀這個圖表？

首先，讓我們先清楚介紹幾個行業分別是指哪些企業。經過我進一步研究和訪談後發現，「其他專業、科學與技術服務」公司基本上都是市場調查公司；「各種耐久財批發商」指的是中盤商，向製造商購買大量貨品，再轉賣給零售業者。*數據顯示，批發是一門好生意。之前已經提過，啤酒批發與配銷商躋

**發財表**

| 行業別 | 企業主躋身全美收入前0.1%的比例 |
|---|---|
| 房地產租賃 | 43.2% |
| 房地產相關事業 | 25.2% |
| 汽車經銷商 | 20.8% |
| 其他金融投資活動 | 18.5% |
| 獨立藝術家、作家與表演者 | 12.5% |
| 其他專業、科學與技術服務 | 10.6% |
| 各種耐久財批發商 | 10.0% |

資料來源：作者依據史密斯等人（2019）線上附錄的數據，與美國人口普查局資料彙整而成。所有數據都針對小型企業股份公司。

身全美收入前〇・一%富翁的比例特別高，只是人數沒有多到足以讓批發商登上「發財表」，而且其他商品零售商致富的機率更高。

「房地產租賃」公司大多擁有房地產所有權，再對外出租；「房地產相關事業」則主要是為其他企業管理房地產的公司，或是為房地產進行估價；「其他金融投資活動」指的則是為他人管理與投資金錢。

將兩個房地產相關的領域結合起來，並替換所有技術名詞，我們可說有「六大」行業特別容易讓人致富。

- 房地產
- 投資
- 汽車經銷商
- 獨立創意公司

＊ 以下網站提供如何開創批發事業的相關資訊：https://emergeapp.net/sales/how-to-start-a-distribution-business/。

- 市場調查
- 中盤商

我們該如何看待這六大行業？

投資和房地產會出現在六大行業中，一點也不讓人意外，不過至少對我來說，其他四種行業登上榜單卻出乎意料。中盤商？汽車經銷商？市場調查？這輩子絕對沒有人和我說過，這些行業是通往百萬身家的常見途徑。

坦白說，我根本沒聽過中盤商；想到汽車經銷商，我只想到不老實的小商人；我也沒有任何理由相信市場調查居然會比顧問業更賺錢（顧問已經很賺錢了）。

## 藝術家真的都很窮嗎？

我很訝異「獨立藝術家、作家與表演者」會出現在清單上，我們常常覺得藝術家大多很窮。（想想藝術家會餓死的那些老生常談。）而且從數據上來看，像唱片行這些誘人行業很快就會倒閉。所以該怎麼解釋「獨立藝術家、作家與表演者」相關事業的企業主中，高達一二．五%的人超級有錢？

會出現這樣的情況，主要是因為選樣偏差（selection bias）。不管分析什麼數據，這類偏誤都非常重要，務必要納入考量。大部分的獨立藝術家、作家與表演者的成就都不夠高，不足以讓他們為了稅務考量而創業。那些苦苦掙扎的創意人從未賺錢，也不會被納入數據。如果把這些創作者也計入，走上創意這條路而取得成就的機率就會大幅降低。（在其他行業裡，這類偏誤的問題小很多，因為在那些領域中，創業後會實際登記公司的比例高出許多。）

話雖如此，但是即使選樣偏差衡高獨立創作者成功的機率，在這個行業取得巨大成功的實際機率，可能還是高於我原先的預想。要靠創意致富確實不是天方夜譚，但我原本的估算是十萬分之一左右。實際上，成功機率或許會高一些。

稅務資料研究團隊的數據顯示，至少有一萬位獨立創作者的收入達到全美收入前一%。[7]至於有多少人試著成為獨立創作者？

針對這一點，不同來源的資料內容有些出入。依據美國勞工統計局的資料，全美共有五萬一千八百八十位「獨立藝術家、作家與表演者」，但不是每個人都有自己的公司。然而，還有一些人以創意產業為副業，卻不認為那是自己的主業。另一份調查資料指出，有一百二十萬名美國人主要以藝術工作維生。如果依此換算，達到全美收入前一%的一萬位獨立創作者，只占藝術工作者的一%左右。如果這是真的，一位藝術家要達到全美收入前一%的機率就和一般美國人相當。再看另一份資料，美國每年約有兩百萬名藝術科系畢業生，假如他們全部走上獨立創作者的道路，又有些人放棄，那麼每兩百個嘗試踏上創意職涯的人中，就有一個人可以闖出一番名堂。

顯然這部分還需要進一步研究，不過結合一些新的稅務資料和其他資料後，即可推斷藝術這條路致富的機率大約落在〇．五%到一%之間。單就這個數字來看，成功機率可能太低，以至於對多數人而言都不值得。不過在第六章會介紹藝術家可以怎麼做，好大幅提升成功機率。舉例來說，光是廣推藝術作品就足以讓你的成功機率提升到原本的六倍。如果你遵循數據帶給我們的啟示行事，以藝術家之姿站穩一席之地的機會可望上看十分之一。儘管照做也未必就能功成名就，但是以憑藉自己熱愛的事情致富來說，這樣的成功率還算不錯的賭注。

讓我們這樣說吧！在看到這份資料前，我會告訴任何一個夢想以獨立創作者身分闖出一番事業的人：除非你有信託基金支持，否則那是愚蠢的想法。

但在看到這份資料後，我就不那麼篤定了。我會說，如果你沒有按照本書第六章討論的做法讓成功機率最大化，想成為藝術家就是一個愚蠢的主意。不過如果你照做了，踏上藝術家之路或許不是那麼瘋狂的一場賭注，特別是在當你還年輕的情況下。讓我們換個說法：如果你想以獨立創作者身分功成名就，卻不夠多產，也沒有拚命抓住機運，根本不可能成功，還不如取得會計學位會對你更有幫助。然而，假使你能拚命創作、發瘋似地尋找機運，就不妨一試，你成功的機會將會意外地高。如果這是你的計畫就有機可乘，雖然你仍須接受自己有超過一半機率會失敗的事實。

數據顯示，以獨立創作者身分致富的機率會比一些其他行業來得高。先前才提到，很多誘人的行業，像是開唱片行，成功機率都是數一數二地低，因此獨立創作者致富機率之高格外令人詫異。獨立創作這個領域有什麼特性是開唱片行沒有的，致使獨立創作者賺大錢的機率較高？

獨立創作和其他六大行業一樣，都突顯一個讓特定行業格外適合創業的實際原因：

**這些行業可以容納數個地方性壟斷者。**

## 關鍵在於規避價格競爭！

大部分的行業都無法孕育多位百萬富翁企業主。舉例來說，全美有超過四萬九千家加油業者、一萬五千家以上的乾洗與洗衣服務業者，以及八千多家禮儀服務業者，這些都是聽起來毫不迷人，提供基本服務的行業。但是數據告訴我們，這些行業並非致富之路，幾乎沒有任何企業主登上美國最高收入排行榜。事實上，稅務資料研究團隊的數據告訴我們，很多領域的創業者有上萬人，收入達到全美前一%的確很少，更不用說擠進前〇．一%的人了。

- 建築設備承包商
- 住宅建築建商
- 汽車修理與維護

- 建築與住宅服務
- 建築、工程與相關服務
- 建築裝潢承包商
- 個人照護服務
- 加油站

為什麼六大行業會如此突出，讓企業主致富的機率這麼高？

現在我要教授一門課程，這門課所屬領域比很多打造多位百萬富翁的領域更無聊，也正是我念博士時主修的科目：經濟學。

經濟學入門課程告訴我們，企業獲利的定義就是營收減去成本。如果一家公司的產品訂價可以遠遠超過生產成本，即可賺取豐厚的利潤；但是如果企業收取的金額不如生產成本，就賺不到錢。

經濟學入門課程還提到，企業要賺錢意外地困難。事實上，經濟學原理指出，大部分行業的多數企業都應該預期自己會賺不到什麼錢。因此稅務資料研究團隊發現那麼多行業的企業主都沒有賺大錢這件事，一點都不令經濟學家意外。

為什麼要獲利這麼困難？

假設有一個人名叫莎拉，她經營的事業賺取高額獲利。假設她每單位產品的生產成本是一百美元，每年都可以用兩百美元的價格賣出一萬單位的產品，讓她每年的淨利達到一百萬美元。

不錯喲！莎拉。

但是，莎拉可能會遭遇一個難題。

假設還有另一個人名叫萊拉，她從事一份沒有前途的工作，一年賺五萬美元。她也想和莎拉一樣獲取大額利潤，於是辭職並開始生產和莎拉一樣的產品，生產成本也是每單位一百美元，但是她只賣一百五十美元。現在莎拉的顧客全都跑去向萊拉購買，因為東西比較便宜，而萊拉每年可以賺五十萬美元。至於莎拉的新收入是多少？什麼都沒有。

萊拉現在發大財了，直到克拉拉決定投入這項事業，並加入尋求獲利的行動。她的產品要價只有一百二十五美元，一口氣搶走所有顧客，每年賺二十五萬美元。這下子莎拉和萊拉都玩完了。

接下來呢？在這個虛構的例子裡，新人投入相同事業的過程會突然中斷，理由是我已經想不到其他可以押韻的名字。但是在現實世界中，這個過程會持續下去，克拉拉和之後創業的每個人都無法受到姓名韻腳的保障。

這個過程只有到所有人都無法賺取足夠獲利來吸引新人加入，或是任何既存企業進一步壓低價格時，才會停止。經濟學入門課程將這種情況稱為零利潤條件（zero-profit condition）。價格競爭會不斷持續，直到利潤為零。

任何考慮創業的人都不該低估零利潤條件的力量。許多人創業時都想要致富，結果卻陷入無情的價格競爭而左支右絀。

前幾天，我在紐約上州（Upstate New York）的火車站搭乘計程車，司機和我分享他的創業故事。約莫二十五年前，他在自己生長的城鎮投入計程車業，他會在火車站旁等待，接駁任何從紐約市下班回家的人。這份不錯的事業讓他賺了好一陣子，可以過著安穩的生活，但是之後有許多競爭者也加入市場，包括許多比他還窮的司機，那些人願意接受比他低上許多的價格。現在從紐約市來的火車到站時，乘客會遇上很多計程車司機攬客，乘客通常會直接選擇開價最低的那位。

這位計程車司機的獲利幾乎被侵蝕殆盡，更有甚者，在新冠肺炎（Covid-19）疫情爆發後，他的事業徹底崩潰，迫使他搬回家與父母同住。

想要穩定維持獲利，一名企業主必須想辦法避免同業削價競爭，將利潤侵蝕殆盡。該怎麼做到這件事？六大行業裡的企業都有辦法做到。每個催生多位百萬富翁的行業都具備一些特性，讓企業主可以規避無情的價格競爭，進而避免獲利歸零。

法令規範或許是徹底隔絕價格競爭最直接的方法。法令規範其實就足以解釋六大行業中，一個最初讓我覺得上榜沒什麼道理的行業：汽車經銷商，會榜上有名的原因。

汽車經銷是受到法規嚴格限制的行業。美國好幾個州的汽車不能由製造商自行配銷，儘管特斯拉（Tesla）正在挑戰這項法令。還有一些法規上的限制，會阻礙新的經銷商銷售特定廠牌的車輛。

這對消費者是不是好事有待商榷，但是我沒有要撰寫法律論文，只是要寫一本心理勵志書籍。而且顯然地，如果你的目標是要變得有錢，擁有法律保障以避免競爭會很有幫助。這就是汽車經銷商的企業主中，有這麼多有錢人的原因。

## 法規對致富的影響

還記得我剛剛提到的那位計程車司機嗎？在紐約市車站前，周遭有很多和他提供完全相同產品並相互競價的司機。很多汽車經銷商的企業主受到法令保障，不會遇到其他人在隔壁開店販售相同車款，這讓擁有一家汽車經銷商店遠比擁有一輛計程車好上許多。

啤酒配銷之所以成為一門絕佳的生意，法規也扮演重要角色。除了華盛頓外，其他州的啤酒配銷商都受到三階系統（three-tiered system）保障。美國在禁酒令時期後設立三階系統，將製造、配銷與零售分開。啤酒公司受到法令限制而不得自行配銷，而且很多州還規定，每個區域只能有一個配銷商。

法規是限制價格競爭的絕對手段，但是其實還有其他方法也可以達到相同效果。另一個方法就是藉由規模限制價格競爭，這種情況的運作方式如下：

假設你手中有一款產品非常、非常、非常難以生產，但是一旦成功生產，就可以用極低廉的成本再製。如此一來，其他人可能很難進入這個領域，並削價競爭。

投資與市場調查行業就具備這項特質。找到正確的投資標的，或建立對某個產業深入了解的過程十分龐雜，但是成功做到後，即可輕易擴大產品規模，只要增加投資額，或是把你的研究賣給該業界的多家企業。

從數據上來看，市場調查或許是最合理的致富途徑。假設你想跨足這一行，而且過去這些年來，你已經針對某塊市場建立獨特的專業。這項專業需要好幾年的經驗累積，你必須與多名業界人士建立親近的長期關係，並小心蒐集獨家情報。

現在你開始撰寫報告，每個月以五千美元的價格賣給業界企業。競爭者無法輕易加入，並和你寫出一樣的報告，再用較低的價格販售。競爭者很難和你建立一樣的人脈與資料集，你的事業周圍就有護城河保護。

另一個規避價格競爭的途徑是，打造一個受人喜愛的品牌，這就是獨立創作者可以做的事。粉絲願意多花錢購買最愛藝人的作品，對史普林斯汀的粉絲而言，他的演唱會不只是一般的演唱會，即使另一位藝人的票價較低，粉絲還是會選擇史普林斯汀的演唱會。對其他約一萬名富有的獨立創作者來說，這樣的邏輯也一樣適用。這些獨立創作者所屬的行業不是商品化的行業，消費者不僅是看誰開價最低，決定向誰購買，粉絲願意為明星的作品花費更多錢。

## 避開國際巨獸所在的領域

六大行業中的企業都受到一定程度的保障，順利規避價格競爭，進而避免獲利遭到侵蝕。然而，不是所有讓企業可以規避價格競爭的行業都在六大之列。有些行業中的企業可以規避價格競爭，但是最後這塊市場卻由一或兩家巨大企業主導，讓其他人難以競爭。以球鞋業為例，球鞋具有品牌價值，可以避免陷入價格競爭。很多人願意為Nike球鞋多付一點錢，也不肯買非Nike製作的相同鞋子。

然而，球鞋業卻未能擠進六大行業。稅務資料研究團隊蒐集的數據顯示，幾乎沒有球鞋公司的老闆成功致富。球鞋業催生的富翁企業家這麼少的原因在於，雖然球鞋公司的品牌力夠強就可以規避價格競爭，但是這項優勢卻只有少數幾家大公司擁有。Nike、銳步（Reebok）及其他少數幾家公司負擔得起高額代言費，找來最強的運動員代言產品，並創造極大的品牌優勢。

科技業也透過類似途徑幫助企業規避價格競爭，但是市場一樣多半由幾大巨頭把持。作業系統和軟體設計雖然極度複雜，但是設計完成後要再製卻很容易，等於設立天然屏障。然而圈子內的國際巨獸，例如微軟（Microsoft）通常都會僱用最優秀的人才，設計出最棒的軟體，還花最多錢打廣告，造成一般小公司無法和科技巨獸抗衡。

我仔細思索六大行業的特色後發現，它們全部都有一項天然特質，可以避免少數企業獨霸。

想想看，房地產市場是在地化的市場。國際房地產巨獸不可能完全掌握每個當地市場，也無法與所有在地政治人物打通關係。投資業與市場調查業原本就具有分裂的特性，投資公司各自專精於特定投資策略，市場調查公司則對特定行業有諸多了解，國際巨獸無法與具備專精知識的企業競爭。

汽車經銷商則有法規保護，不需要和國際巨獸競爭。啤酒批發與配銷商也是如此。中盤商通常都和當地零售商有私交，足以避免大企業進入當地市場與之競爭。至於藝術，特定藝術家的粉絲會喜歡他們的作品，勝過全球最熱門藝術家的作品。

所以，你可以用這些數據幫助自己致富嗎？

有些看似從數據得到的啟示，實際上可能完全不可行。好比說，你可能在看到數據後，判斷致富的最佳途徑就是成為汽車經銷商，但是可能會發現，具有汽車經銷權的人完全沒興趣把經銷權賣給你。

即使如此，如果想賺大錢還是可以利用這些數據的精神，了解選擇職涯時應該詢問自己哪些問題。我認為有三個與此相關的重要問題。

一、我是否有自己的事業？

二、這個事業是否可以規避無情的價格競爭？

三、這個事業是否有辦法避免受國際巨獸主導？

如果上述三個問題的答案都是否定的，你就不太可能發財。

當然，要進入三個答案都是肯定的行業並不容易，這也不怎麼令人意外，畢竟有這麼多人想賺大錢。所幸第九章就會告訴你，財富對幸福快樂而言一點都不重要。事實

**壟斷的手可以伸多長？**

| 哪裡都去不了 | 到當地市場 | 到全球市場 |
|---|---|---|
| 你會陷入無情的競爭。 | 你很有機會致富。 | 你幾乎百分之百會被國際巨獸擊垮。 |

上，讓人快樂的事物，像是園藝、與朋友在湖畔散步，意外地便宜又簡單。套用一句阿宅的說法就是：「幸福的待解決清單」遠比「致富的待解決清單」容易達成。

而事實上，我給你看的只是致富的待解決清單的最開頭。想要成功創業，還需要很多條件，包括創業者的特質可以大幅影響成功機率，這一點也是透過分析數據得知。

**接下來……**

創業者跨足的領域是他們成功的重大因素，卻不是唯一因素。即使在最棒的領域裡，還是有人成功，有人失敗。是什麼決定同業中誰會成功？資料科學家仔細挖掘最近蒐集的資料集（範疇涵蓋所有創業者），從中發現一些令人意外的成就預測因子。

第五章

# 提升職涯成功率的不敗公式：資料科學幫你破除三大迷思

每一位野心勃勃的創業家，都應該在牆壁掛上托尼·法戴爾（Tony Fadell）的海報。[1]不久前的某一天，法戴爾嫌家裡的恆溫器太難操作，於是就像眾多創業前輩一樣，利用新科技來解決讓他（和其他數百萬人）困擾的問題。

他創辦Nest Labs這家公司，專門研發用程式控制的新型恆溫器。這款恆溫器可以遠端感應、連結Wi-Fi、連結手機應用程式，而且非常熱門。

Nest Labs創立四年後，被Google以三十二億美元現金收購，在極短的時間內就讓法戴爾成為另一個成功發大財的科技創業家。

我會想要推行「把法戴爾的海報貼在你的牆上」運動，是因為法戴爾的故事有幾個重點很值得創業者留意。數據告訴我們，法戴爾的故事和其他成功企業家的故事有許多共通的面向，不過那些面向可能與一些傳統智慧違背。

首先，是法戴爾的年紀。法戴爾創辦Nest Labs時，並不是什麼神童，也不是在學生宿舍裡創業，而是已經四十歲出頭。

還有一個重點是：法戴爾在開創成功的事業之前，就已是受人敬重的員工。法戴爾不是那種天生就能接受風險，又受不了上頭有老闆的連續創業家；他也不是因為職涯受挫，為了取得事業上的成功才最後一搏。法戴爾創辦Nest Labs時，已經做過通用魔術（General Magic）診斷工程師、飛利浦電子（Philips Electronics）工程主管、蘋果（Apple）資深副總裁；換句話說，法戴爾在創辦Nest Labs時，就擁有矽谷頂尖員工履歷。

關鍵在於，法戴爾十多年來身為大公司員工的經驗，讓他獲取和創業高度相關的專業技巧。在腦海中靈光一閃地浮現「這個世界需要不那麼難用的恆溫器」時，擁有的經驗已經可以直接幫助他實現這個構想。

法戴爾利用在通用魔術學到的產品設計經驗、在飛利浦學到的管理團隊與融資經驗，以及在蘋果學到的如何改善整體顧客體驗，一切最終都派上用場。他利用在三家企業累積的人脈招募團隊，並且藉由當員工期間存到的錢作為創業資金。

法戴爾也從二、三十歲時犯過的錯誤中學習，他在接受《提摩西費里斯秀》（*The Tim Ferriss Show*）專訪時，表示：「我希望二十歲時看起來愈糟糕愈好，這樣隨著我的年紀增長，看起來只會愈來愈棒。」[2]法戴爾指出，他第一次在飛利浦負責帶人時，「大概是天底下最差勁的主管。」例如，他會高傲地訓斥下屬。不過靠著傾聽他人回饋，法戴爾意識到同理心是領導力的重要一環。他也發現，從其他人的角度看事情，可以更輕易地說服對方採取最佳行動。法戴爾不斷吸取教訓，因此在領導 Nest Labs 團隊時，他的管理技巧早已飽經磨練。

在前一章中，我們提到稅務資料揭露創業是致富的最佳途徑，並點出哪些領域最有機會孕育成功的創業家。但是嶄新的巨量資料集也告訴我們，不管投入哪一行，特定的職業決策會讓你更有機會在那個產業裡締造佳績。有一個可以提升創業成功機率的清晰公式，就是依循法戴爾的途徑：花費數年時間累積專業與人脈，在某個領域裡證明自己後，再於中年時創業。事實上，新數據破除許多關於創業的迷思。

## 迷思一：年輕的優勢

想到成功的創業家，你第一個會想到誰？

除非你剛剛花費好幾分鐘，在網路上搜尋怎麼製作法戴爾的海報，否則腦海中浮現的八成是賈伯斯之類的人物，不然就是比爾·蓋茲（Bill Gates），或馬克·祖克柏（Mark Zuckerberg）。這些世界級創業家有一個共通點，就是創業的人生階段：他們創業時都很年輕，賈伯斯在二十一歲創辦蘋果，蓋茲與祖克柏則是在十九歲時分別創辦微軟和臉書。

當我們想到成功創業家時，腦海中浮現這麼多的年輕人並非巧合。媒體在報導創業家的故事時，通常會把重點放在青年創業。最近一項研究檢視，兩大商業雜誌在「值得關注的創業家」（Entrepreneurs to Watch）中介紹的所有創業家，結果發現那些創業家的平均年齡是二十七歲。雖然遠比賈伯斯、蓋茲、祖克柏創業時來得年長，但仍遠遠不到中年。

創投資本家和投資人也都被媒體牽著鼻子走，一廂情願地認定年輕人較有機會創辦偉大的企業。昇陽電腦（Sun Microsystems）共同創辦人暨創投資本家維諾德．柯斯拉（Vinod Khosla）指出：「三十五歲以下的人才是讓改變成真的人……以發現新想法來說，四十五歲以上的人基本上已經死了。」[3] 知名創業加速器Y Combinator創辦人保羅．葛拉罕（Paul Graham）則表示，如果創辦人已經超過三十二歲，投資人就要「開始感到有點懷疑」。祖克柏這位說話總是不得體的創業家，也曾有過這麼一句名言：「年輕人就是比較聰明。」[4]

但是研究顯示，我們透過媒體認識的那些創業家，在創業年齡上不具代表性。由皮爾．阿祖萊（Pierre Azoulay）、班傑明．瓊斯（Benjamin F. Jones）、丹尼爾．金（J. Daniel

Kim）及哈維爾・米蘭達（Javier Miranda）幾位經濟學家組成的團隊（以下簡稱AJKM），進行一項開創性研究，分析二〇〇七年到二〇一四年間，美國所有企業創辦人的年紀。這項研究涵蓋約兩百七十萬名創業家，抽樣範圍遠勝商業雜誌介紹的數十位創業家，也更具代表性。

研究人員發現，美國企業創辦人的平均年齡是四十一・九歲，比媒體介紹的創業家平均年齡大了十歲以上。年紀較大的人不只比我們想得還常創業，他們成功創辦高獲

**創辦全美前一千大之一企業的機率，依年齡劃分**

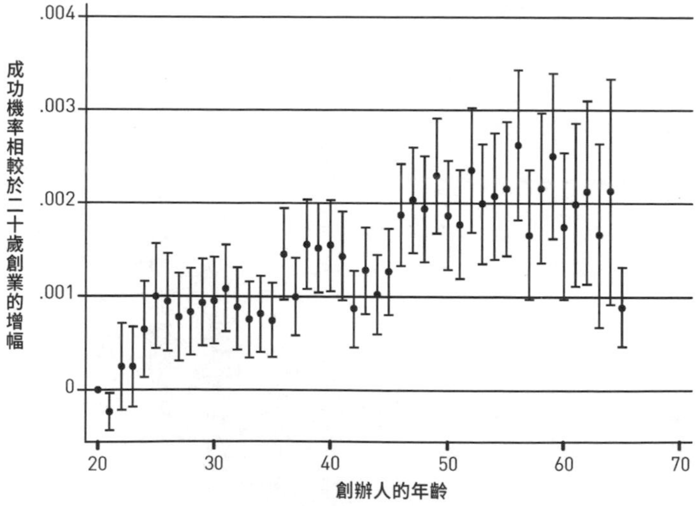


資料來源：阿祖萊等人（2020）。

利企業的頻率也比年輕創業者來得高。AJKM使用各種不同的指標來評斷企業是否成功，包括存續期間長、營收與員工人數排名高。他們發現，年紀較大的創辦人創業成功的機率較高，這個趨勢至少持續到六十歲以前。

六十歲企業創辦人建立有價值事業的機率，大約是三十歲創辦人的三倍。

此外，這些較年長才創業的人既驚人又鮮為人知的成就，在AJKM研究的全部領域都存在，就連科技業這個最常和年輕創辦人綁在一起的產業也不例外。研究人員發現，獲利高的科技公司創辦人平均年齡是四十二・三歲；換句話說，從數據來看，媒體不斷宣揚「成功的創辦人通常很年輕」這個想法顯然站不住腳。

認為年輕人較可能成功創業，不僅是媒體促成的迷思，還是一個非常危險的迷思。二〇一〇年，艾倫・索金（Aaron Sorkin）擔任編劇的《社群網戰》（*The Social Network*）一炮而紅，讓不具代表性的年輕、成功創業家故事之一變得廣為人知。這部電影介紹祖克柏在學生宿舍創辦臉書的故事，擄獲大批影迷的心，全球票房突破兩億美元。

在這些影迷中，有些人受到鼓舞而決定效法電影中的英雄。研究發現，《社群網戰》上映後的幾年裡，青年創業成長到以前的八倍。[5]事實就是，無論電影再怎麼美化，青年創業一直是糟糕的賭注，或是就像我常說的，《社群網戰》這種電影再多出幾部，也不會變成有意義的數據。

那麼，為什麼成功的企業家通常都在已經進入人生下半場才創業？他們通常花費很多年的時間摸索這個產業。這就涉及另一個關於成功創業家的迷思。

## 迷思二：跨領域的優勢

蘇西．巴蒂茲（Suzy Batiz）是美國白手起家的女性中最富有的人之一，[6]她的成功之路關乎精油、反覆嘗試，還有排泄物。二〇〇七年，巴蒂茲發明神奇噗噗麗（Poo-Pourri），只要在馬桶灑上這種產品，就可以讓排泄物不那麼臭。

巴蒂茲在一場晚宴上和其他人討論廁所臭味時，迎來「靈光乍現」的時刻。（或許可以說：**就像蘋果砸到艾薩克．牛頓（Isaac Newton）的頭讓他提出重力理論，屎臭味砸到巴蒂茲的鼻子，讓她想出神奇噗噗麗這個產品。**）巴蒂茲想到這個主意後不久，就開始著手做實驗。她嘗試各種不同的精油，直到最後意外發現一個組合可以完美停留在馬桶內的水面上。家人試用產品時，巴蒂茲總是跟在後面「聞」結果，最後她判定自己找到贏家了。

巴蒂茲真的找到了，神奇噗噗麗有一支廣告是以紅髮美女為主角，分享馬桶的笑話，結果引發熱烈回響，《今日秀》（*Today*）也對神奇噗噗麗讚不絕口，讓這項產品大獲成功。巴蒂茲現在估算的身價超過兩億美元。**（或許可以說：巴蒂茲在十年內就從「關於大便的討論」邁向「去你的，錢有什麼用」*的境界。）**

巴蒂茲致富的途徑之所以特別，不只在於排泄物除臭這個創業領域。令人驚訝的是，她的相關經驗非常少。巴蒂茲開始測試各種精油時，完全不曾受過任何化學訓練，也沒有消費品相關經驗。她的職涯發展並不順遂，在和丈夫買下一間婚紗工作室，經營不善後，她本人宣告破產。巴蒂茲也開過服飾店倒閉，再開浴缸修理公司一樣失利，日曬沙龍也未能成功。

巴蒂茲的成功模式是常態嗎？

艾普斯坦在暢銷書《跨能致勝》（*Range*）中，有一章是「當個內行門外漢，才能打

* 譯注：原文為 fuck you money，是指一種不受制金錢，本於自我的心態，可以說是有錢到不用在乎錢了。

破極限」。[7]他在那一章中提出看似反直覺的論述：門外漢往往在解決困難的問題上占優勢。艾普斯坦指出，很多困難問題長久以來阻礙整個領域的發展，最後都是由外行人解決。舉例來說，十八世紀初，化學界最重要的開放性問題，莫過於要用什麼物質才能有效保存食物。世界上最聰明的腦袋，包括「現代化學之父」羅伯特・波以耳（Robert Boyle），都未能想到答案。最後想出答案的是，糕點師傅尼古拉・阿佩爾（Nicolas Appert），他把香檳瓶放到滾燙的熱水裡加熱，之後靠著這項發明開始成功的事業。

艾普斯坦指出，圈內人往往只知道嘗試之前成功的方法，但是創新經常需要新方法，外行人可能有較高機會想到那些方法，並實際測試。根據艾普斯坦的說法，「有時候本業可能過度侷限，以致於充滿好奇心的門外漢才是真正能夠找到解決方法的人。」

這個特殊又發人深省的理論是真的嗎？創業時真的有所謂的門外漢優勢嗎？巴蒂茲的故事到底常不常見？如果想要創業，你是不是應該跨出自己的專業領域，找一個缺乏經驗的領域，才能讓你比那些太過「侷限」在「本業」的人更有優勢？

答案是否定的，大數據再次堅決否定這個想法。

AJKM除了研究創業者的年齡外，也研究他們的就業史。他們特別看了一下，所有抽樣的創業者創業之前是否曾在相同領域工作，例如創辦肥皂製造公司的人是否曾在專門製作肥皂的公司上班？研究人員也觀察這些事業有多成功，例如公司營收是否在該產業中躋身全美前一‰？

研究人員發現，創業這檔事存在強烈的「圈內人優勢」（Insider's Advantage）。創業家如果曾在相關領域工作，在這個領域內建立極度成功企業的機率大約會翻倍。過往經驗與新創事業之間的連結愈直接，優勢就會愈大。假設有一個人已經在某個狹窄的領域（如肥皂製作）工作，他自創肥皂製造事業的成功機率，會比在相關產業（如食品製造）工作的人來得高。

商場上，深入的領域知識不是詛咒，不會阻擋創業家辨識創新的機會；相反地，圈內人優勢平均而言非常大。

**創業的圈內人優勢**

| 創辦人的工作經驗 | 新創排行登上全美前千分之一的機率 |
|---|---|
| 完全沒有相關經驗 | 0.11% |
| 具廣義上同領域產業經驗 | 0.22% |
| 具狹義上完全相同領域的經驗 | 0.26% |

資料來源：阿祖萊等人（2020）。

## 迷思三：邊緣人的力量

在巴蒂茲創業時，不只是以化學對抗排泄物的圈外人，幾乎從任何傳統標準來看，她都是失敗者。前面提過，她宣告破產，還數度創業失敗，完全算不上成功。

雖然感覺有點奇怪，但會不會其實巴蒂茲缺乏成功經驗這件事反而是一種優勢？

傑出的撰稿人暨創業加速器Y Combinator創辦人葛拉罕，曾撰寫一篇精彩而發人深省的文章，內容指出經常失敗的人實際上可能擁有創業優勢。這篇文章的標題是「邊緣人的力量」（The Power of the Marginal），葛拉罕提出：「絕妙的新事物往往來自邊陲地帶。」[8]

葛拉罕以蘋果創辦人賈伯斯與史蒂夫．沃茲尼克（Steve Wozniak）為例，寫道：現在這家代表性企業的創辦人，在創業之初，「照理論看來一定不怎麼樣」。當時，他們就是「一對大學中輟生」和「嬉皮」，唯一的工作經驗就是做一些可以駭進電話系統的藍盒子。*

葛拉罕推測，像賈伯斯與沃茲尼克這種理論上不怎麼樣，最後卻大獲成功的創業家可能不是特例。他懷疑，邊緣人在商場上或許具備驚人優勢。葛拉罕提出一套非常聰明的理論，解釋不成功是一種優勢的原因。舉例來說，葛拉罕指出圈內人可能「被自己的卓越拖累」，因而規避風險；相反地，那些邊緣人沒有任何東西可以失去，因此能放手一搏。

這套犀利又看似反直覺的創業成功論是正確的嗎？

不是，「邊緣人的力量」就像年輕與外行人的力量一樣，都是迷思。

稅務資料研究團隊檢視美國所有新創企業創辦人過去的薪資變動，再把這些資料和他們創辦的企業獲利能力進行比對，藉此研判葛拉罕那套創業前職涯最順遂的一群人，創業路可能走得很艱辛的理論，到底是否正確。

研究人員發現，事實並非如此。與葛拉罕想的不同，從傳統標準來看，成就非凡的那群人創業表現遠遠超越其他員工的創業成果。如同圖表所示，創辦人在創業前，如果在同領域裡領取前〇．一％的薪資，創業成功的機率會最高，這樣的人根本算不上邊緣人，也絕非沒有名聲好捍衛的人。

＊譯注：藍盒子可以破解電話系統，讓人撥打免費電話。沃茲尼克和賈伯斯曾經一起製造藍盒子，差點遭到警察逮捕。

## 「反」反直覺的成功祕訣

我們就坦白說吧！當你後退一步，仔細想想本章數據所揭露的結果時，其實一點都不令人意外。

資料科學家探勘大量的新數據，結果發現創業家如果在某個領域中花費很多年爬到巔峰，在相同領域中創業成功的機率較高。這難道不是直覺嗎？在某個領域爬到最高峰與在該領域中創業成功機率呈正相關，不是理所當然的事嗎？

然而，有些研究結果不管看起來再怎麼符合直覺，卻有悖於那些抓緊大眾想像力的翻案論述。這三大迷思：年

**最有成就的員工也會創辦最成功的事業**

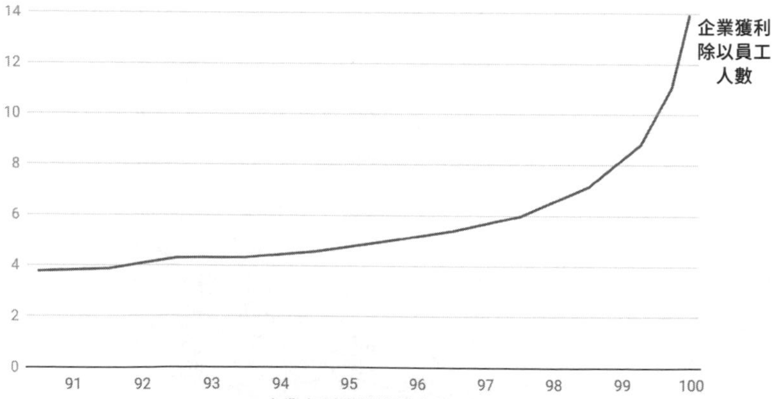


資料來源：史密斯等人（2019）；資料由哲維克提供。以Datawrapper製圖。

輕的優勢、外行人的優勢、邊緣人的力量，雖然吸引許多人，卻可以用數據破除。事實上，本章的研究發現屬於我最喜歡的思想類別：「反」反直覺的思想。「反」反直覺思想是這樣運作的：

一開始就存在一套常識性思想，例如比別人年長又聰明一點有助於創業。但是接著出現某些人的人生故事違背這套常理，像祖克柏這樣的人年紀輕輕即取得極大的創業成就。由於這些人的故事違反常理，所以極具故事性，「誰能想到一位十九歲的青年，有辦法開創價值數十億美元的事業？」

人人都愛說令人意外的故事，或是把這些故事拍成電影。索金選擇以十九歲的祖克柏為主題編寫《社群網戰》，而不是為四十一歲的法戴爾撰寫《恆溫器》（*The Thermostat*）。

結果就是有許多人聽到許多這類最初令人倍感驚奇的故事，最後這些一開始因為「出乎意料」而走紅的故事，開始讓人覺得像是常態。大家都認定年輕人創業有優勢，因為他們想著：「想想《社群網戰》就知道了。」最初令人意外的想法因為太驚人，以致於那些故事廣為流傳，現在卻被視為常識。

具代表性的大型資料集並不會偏重那些故事有趣的實例，有時候這樣的資料集會告訴我們，已然成為常識的反直覺邏輯其實並不正確。當你的目光放寬到所有創業家，而不只是停留在那些故事最廣為人知的創業家身上時，就會發現年長與智慧是創業時的優勢。

你現在或許在想，作者最喜歡的「反」反直覺思想還有哪些？也或許你並沒有這麼想。但是無論你怎麼想，我都要分享幾個最喜歡的「巨量資料集對抗熱門反直覺思想，而把我們拉回直覺思想」的例子：

- **NBA球員較可能出身中產的雙親家庭。**有些NBA球員來自低收入家庭，正因為看到有人出身寒門卻大獲成功如此令人意外，這些故事才會更常被提起。有些人因此受到激勵，相信背景艱困會成為籃球選手加倍努力的動力，讓他們登上NBA殿堂（反直覺的想法）。例如，在《最後一次射門》（*The Last Shot*）一書中，一位大學教練質疑出身市郊的運動員「不夠飢渴」，以致於無法成功。然而，喬舒亞．克熱魯夫．杜布羅（Joshua Kjerulf Dubrow）和吉米．亞當斯（Jimi Adams）的研究，還有我個人獨立的研究都發現，NBA球員來自中產家庭的比例遠遠高出許多。[9]

- **開心的人比傷心的人更可能會尋找笑話。**若有人在發生悲劇時還能說笑，肯定會令人印象深刻。由於黑暗時刻與笑話之間的對比太過驚人，我們更會留意在黑暗時刻的笑話，導致有些人誤以為痛苦比快樂更容易使人發笑（反直覺的想法）。就像查理．卓別林（Charlie Chaplin）說的：「笑是補藥，可以緩解並消除痛苦。」但是我研究Google上的笑話搜尋結果，星期一（一週最慘的一天）搜尋笑話的次數最少，天寒地凍的日子更少，像波士頓馬拉松（Boston Marathon）爆炸案這種重大悲劇後，搜尋次數會大減。數據告訴我們，人們在情況順遂時較可能開懷大笑[10]（「反」反直覺的想法）。
- **超級、超級聰明是人生的優勢。**許多人把自己的人生搞得一團糟，但是這件事發生在極度聰明的人身上格外使人詫異，這些實例太過突兀，催生一些理論指出，人們可能「太聰明而對自己不利」。《為什麼聰明人會做蠢事》（*The Intelligence Trap*）和《聰明的矛盾》（*The Intelligence Paradox*）這些熱門書籍的論調，都是聰明得過分就會變成劣勢（反直覺的想法）。但是最近一份上萬人研究發現，人生各個面向幾乎都會因為智商高而提升，而且在智商分配上，沒有任何一個切分點讓智商超過這個門檻後就會轉為劣勢。數據告訴我們，愈聰明永遠愈有優勢11（「反」反直覺的想法）。

## 數據導向的創業成功方程式

在媒體渲染下，不具代表性的例子讓我們在理解創業成就時遭到雜音干擾，數據去除了這些雜音。

去除所有雜音（從報章雜誌或親朋好友聽聞的故事）後，再仔細瀏覽創業成功的真實數據，就能找到讓創業成功機率達到最大化的方程式。這個方程式就是：花費很多年摸透某個領域，並在領域中成為薪資最高的員工，證明自己的實力，之後再自立門戶，真正賺大錢。

這個成功方程式未必是最振奮人心的，想著自己二十歲出頭，學了幾招就已經準備好打造商業帝國，這樣的想法可能更具激勵效果；或者想到事業有成的最佳途徑就是，混合幾種你不太懂的精油，之後就發大財，這也比較可以讓人充滿幹勁。雖然還沒有在領域中證明自己，但是想著自己已經準備好自立門戶就雀躍不已；想著不需要多了解自己所處的領域，創業過程中就能學會所有你需要的知識，可能更使人熱血沸騰，不過這些讓你心癢的想法全都是假象。

它們都是成功的迷思，而不是成功的資料科學。成功方程式也未必容易執行，需要非常有紀律才做得到。如果你願意遵循數據導向的創業成功方程式，將二、三十歲的歲月投注在精進技巧，並證明自己在某個狹窄行業裡的價值，你必然會在努力精進自我的過程當中，聽聞其他和你同世代的人已經取得驚人的創業成就，也一定會耳聞一夕成功的故事。

雖然大部分的事業成就都發生在中年，但是幾個出名的例外確實更早就獲取顯著的成果；雖然大部分的事業都需要對某個行業透徹的了解才能成功，但不可否認也有極少部分的人在自己不怎麼了解的領域中挖到金礦；雖然大部分的企業主都需要數十年的努力與對那一行的掌握才能成功，但是很少數的創業家確實純粹靠運氣，這些一次性的故事無法代表成功途徑。事實上，這些故事會強烈地誤導人們，讓人搞錯了成功的最佳途徑，而且它們又必然讓人難以繼續勤奮地埋頭苦幹。

當你聽到這些故事時，或許可以回顧一下本章的圖表。如果你真的很宅，可能還可以影印掛在牆上，就放在法戴爾的海報旁邊。看一下那些圖表，再看看法戴爾的海報，然後繼續工作。

相信數據！

**接下來……**

如果一個人耐著性子在某個狹窄的領域裡磨練技能，之後再自立門戶，他成功的機會就比較大。不過我們也必須坦承，運氣是成功很重要的因素。大數據（包括深入探究數萬名藝術家銷售成果的數據），可以讓我們窺見運氣的運作方式，而你可以利用這些從數據得出的觀點，為自己增添好運。

第六章

# 創造好運比遇到好運更重要：Airbnb等成功企業如何善用機運

二〇〇七年十月，住在舊金山的一對室友布萊恩・切斯基（Brian Chesky）和喬・傑比亞（Joe Gebbia）失業了。兩人最早在藝術學校相識，失業後想到一個籌錢支付帳單的好主意。當時舊金山即將舉辦一場重要的設計大會，屆時旅館應該會被訂滿，切斯基和傑比亞想到可以把公寓中閒置的氣墊床，出租給找不到地方住的訪客，並且提供早餐。

有些出席大會的人還真的跟他們租了氣墊床。切斯基和傑比亞這兩位永遠不缺自信、總是滿懷創業野心的男人確信，他們已經找到屬於自己的遠大抱負，或許世界各地的人都可以和他們一樣，出租沒有使用的氣墊床並提供早餐，藉此賺錢。切斯基和傑比亞找上共同的友人，同時也是電腦高手的內森・布萊卡斯亞克（Nathan Blecharczyk）一起創業，三人為這個構想架設網站：airbedandbreakfast.com。

接下來幾週，甚至幾個月，切斯基和傑比亞的想法毫無進展。確實有幾個人願意出租閒置的氣墊床，也有些人想租氣墊床來睡，但是人數少到不足以真正開創一番事業。切斯基和傑比亞的卡債很快就雙雙突破兩萬美元。公司內唯一有能力寫程式的布萊卡斯亞克放棄這項計畫，搬到波士頓。

總是鬥志高昂的切斯基和傑比亞希望挽救事業而多次出差，參加在奧斯汀舉辦的西南偏南（South by Southwest, SXSW）大會。原本以為大量湧入城鎮的賓客可望大幅提振業績，結果卻沒有，不過兩位年輕人在大會上結識有廣闊矽谷人脈的邁克爾．西貝爾（Michael Seibel），並成為好友。

切斯基和傑比亞在二〇〇八年前往丹佛，參加民主黨全國代表大會。原本以為這次大量湧入城鎮的賓客真的可以大幅提振業績，結果還是沒有，不過兩位年輕人用總統候選人歐巴馬和約翰．麥肯（John McCain）的名字當哏，設計並販售麥片。Obama O's的標語是「改革的早餐」，而Cap'n McCain's（麥肯隊長）的標語則是「每一口都與眾不同」，這款麥片賣得出奇地好，好到足以幫他們清償負債。

但是無論如何，他們的事業基本上已經玩完了。就在那時候，在奧斯汀結識的友人西貝爾仍對切斯基和傑比亞印象深刻，並在某個晚上與他們見面，建議兩人申請創業加速器Y Combinator輔導。該公司創辦人葛拉罕是西貝爾的朋友，雖然申請時間已經截止，但是因為兩人的交情，讓西貝爾得以說服葛拉罕至少看一下申請書。這是切斯基和傑比亞第一次走運。

葛拉罕不喜歡切斯基和傑比亞的商業構想，但是聽聞他們販售麥片的故事後，對兩人的膽量印象深刻。葛拉罕提供兩萬美元的種子基金，這筆錢讓他們順利請回技術共同創辦人布萊卡斯亞克，整個團隊又多撐了幾個月。

## Airbnb邁向數十億美元之路

好運很快再次降臨。巴瑞・曼尼洛（Barry Manilow）的鼓手大衛・羅森布雷特（David Rozenblatt）之前就耳聞切斯基和傑比亞的網站，所以要進行巡演時，詢問自己能否連同床鋪等物品在內，出租整棟公寓。airbedandbreakfast.com創辦團隊一開始回絕了，因為羅森布雷特不在場，就無法提供早餐。

但是這位鼓手的要求，確實促使切斯基和傑比亞退一步重新思考，很快就遇到「靈光乍現」的時刻。兩位創業家意識到，他們最初的構想可以進一步成長為規模更大的類似事業：當公寓屋主不在時，出租公寓。

不要管氣墊床，也不要管早餐了，就讓全球數百萬人（為了幫曼尼洛打鼓或其他原因）離家時，出租房子，賺點外快。

airbedandbreakfast.com重塑品牌，改名為Airbnb後，立刻蔚為風潮。[1]確實沒有幾個人想為了外來訪客，在公寓裡架起氣墊床並提供早餐，但是全球有上百萬人希望出租閒置空間。〔Airbnb完整的創業故事，可以參考莉・蓋勒格（Leigh Gallagher）的佳作《Airbnb創業生存法則》（*The Airbnb Story*）。〕

現在還剩下最後一個問題：Airbnb團隊需要金錢才能繼續營運。當時適逢經濟大衰退（Great Recession），全球投資人都勒緊褲帶。此外，許多投資人都告訴他們旅宿市場太小，不值得浪費時間。

不久後，切斯基和傑比亞迎來最後一個大好機會。某一天，紅杉資本（Sequoia Capital）合夥人格雷格・瑪卡度（Greg McAdoo）和老友葛拉罕，來到Y Combinator辦公室。有別於其他投資人，瑪卡度反而認為當時是投資企業的好時機，他還有一套理論就是，鬥志高昂的人最有可能在經濟衰退時建立公司。更驚人的是，他就這麼剛好在過去一年半分析短租市場。依據他的判斷，這個市場的規模其實高達四百億美元，遠遠超出其他人設想的金額。瑪卡度與Airbnb團隊見面，並且立刻準備好送給他們一張五十八萬五千美元的支票。Airbnb現在掌握人們想要的產品，還有讓他們可以落實構想的資金，他們已經踏上通往數十億美元估值之路。

泰德・範特（Tad Friend）在《紐約客》（*New Yorker*）撰文描述，Airbnb的崛起過程「感覺處處是幸運」。他們在奧斯汀幸運遇上西貝爾，後來又幸運在Y Combinator遇到完美投資人瑪卡度。當然，還有曼尼洛的鼓手。如果曼尼洛沒有剛好在對的時間展開巡迴演出，切斯基和傑比亞或許就無法在破產前找到正確的商業模式。或許在幾年後，會出現其他創業家建立這項事業。

億萬富翁和一輩子辛苦掙扎的創業者之間，可能就只差在曼尼洛的鼓手提供的那個想法。有時候正當你快要破產之際，曼尼洛就展開巡迴演出，然後把你推向億萬富翁之路。

接手葛拉罕出任Y Combinator執行長的山姆・阿特曼（Sam Altman），見證過數千家新創企業的成敗，並在腦海中建立一套模型判定在矽谷取勝所需的條件。二〇一四年，阿特曼在史丹佛大學課堂上總結創業成功方程式如下：「有點類似構想乘以產品，乘以執行力，乘以團隊，乘以運氣，[2]而運氣則是介於零到一萬之間的隨機數字。」

數千位不知名的創業者或演員抽到的幸運數字或許是一千、五百或零，而切斯基和傑比亞看起來是抽到了一萬。

## 成功的企業不是幸運，是懂得「運用」好運

某些領域的人經常談到，運氣對成功的影響奇大無比，也有許多成功人士把自己的成就一大部分歸功於運氣。保羅．克魯曼（Paul Krugman）是諾貝爾經濟學獎得主暨《紐約時報》專欄作家，在談起自己的成就時，他說：「我非常幸運可以在對的時間出現在對的地點。」演員約翰．屈伏塔（John Travolta）說明自己成功的原因：「我走運了。」另一名演員安東尼．霍普金斯（Anthony Hopkins）也說過一樣的話：「我想我真的非常幸運。」

不過有沒有可能是，我們誇大運氣在人生中扮演的角色？有些有趣的數據顯示，運氣在人生中扮演的角色可能比我們認為來得小。很多研究都發現，有某種奇妙的規律使得某些行為總是能導向看似好運的結果。

吉姆．柯林斯（Jim Collins）和莫頓．韓森（Morten T. Hansen）這兩位商業研究人員，做了一份基於數據的早期運氣研究，成為該領域最重要的文獻之一。雖然他們把重點放在運氣對大企業的影響，[3]但研究結果也可以套用到其他領域。

柯林斯和韓森先列出稱為「十倍勝」（10X）公司的清單，包含史上最卓越的企業在內。要加入十倍勝公司俱樂部，該公司在股市的表現至少必須比同業好上十倍，還得持續一段長時間。符合資格的公司，包括一九八〇年到二〇〇二年之間的安進（Amgen）、一九六八年到二〇〇二年間的英特爾（Intel），以及一九六五年到二〇〇二年間的前進保險（Progressive Insurance）。

接下來，研究人員針對每家十倍勝公司進行研究，找一家同產業、創始規模差不多，卻從未勝過同業的公司做比較。安進的對照公司是基因泰克（Genentech）、英特爾的對照公司是超微半導體（AMD）、前進保險的對照公司則是Safeco。研究人員翻遍所有可以找到的文件，摸清十倍勝公司與對照公司的歷史，找出他們所謂的「好運事件」（luck event），想了解這些十倍勝公司比對照公司多獲得幾次的大好機會。

他們對「好運事件」的定義是，要符合以下三個條件：

一、「事件有部分重大面向之所以會發生，絕大部分或完全與企業內主要角色的行為無關。」

二、「事件可能造成顯著影響（不分好壞）。」

三、「事件包含無法預測的元素。」

研究作者確實發現，十倍勝公司遇到許多的運氣事件。每家十倍勝公司平均會遇上七個好運事件，那些完全不在公司掌控範圍內的事件顯著提振事業。

舉例來說，在研究安進時，研究作者發現該公司的成功有很大一部分，要歸功於台裔科學家林福坤。林福坤只是剛好人在當地，又回應安進一則小小的徵才分類廣告。結果林福坤是鍥而不捨的天才，拚命找出紅血球生成素的基因藍圖，紅血球生成素是一種在腎臟中幫忙製造紅血球的蛋白質。林福坤的努力，幫助公司發掘Epogen這個生技史上最賺錢的藥物之一，如果他沒有剛好看到那則廣告，安進可能永遠無法開發出Epogen。林福坤沒有看到那則廣告，安進的歷史截然不同也不令人意外，Epogen不會被開發出來，安進也不會是十倍勝公司。

安進看起來是好運，大可認定自己特別幸運，競爭者也可以隨意指稱，找到林福坤是安進走運，並說：「安進剛好遇到林福坤，我們就是沒那個命。」

柯林斯和韓森如果只研究十倍勝公司，可能會得出所有成功的企業都遇到好幾次超好運時刻這樣的結論，但是這群研究人員不只研究十倍勝公司的歷史，也分析對照公司的歷史。

這些公司從未贏過同業，但是柯林斯和韓森卻發現，它們其實也不乏好運時刻。例如，基因泰克用基因剪接法製作人類胰島素，以些微差距贏過其他公司，成為第一家獲得美國食品藥物管理局（Food and Drug Administration, FDA）核准的藥廠。如果他們的工作有任何一絲延宕，其他公司就很有可能超越他們，奪得這塊利潤豐厚的市場。事實上，柯林斯與韓森發現，安進和基因泰克獲得的重大好運事件次數相去不遠。

柯林斯和韓森提出驚人的結果，放眼各領域中的企業，統計上看不出十倍勝公司與對照公司遇到的好運事件次數有什麼顯著差異。十倍勝公司平均獲得約七次好運事件，對照公司平均約八次。

柯林斯和韓森因此做出結論：成功的企業未必比較幸運，而是比較懂得利用自己的好運，而那樣的運氣是任何企業都可以指望獲得的。

柯林斯和韓森指出一大重點：每個人這輩子或多或少都會遇上好運時刻。試想有一個人從未遇過任何可以幫助他的人、從未和某個具備過人天賦的人配對，也從未遇見需要他的技巧的人，這個人被評為史上最不幸的人也是實至名歸。一生的平均運氣值包含許多看似偶然的機緣，那些比較成功的人或組織會注意到這些好運，並善加利用。

回到Airbnb的故事。理論上，這個創業故事會讓我們看到運氣對事業有多麼重要。誠然，Airbnb獲得一些偶然的機運，但也善用自己的好運。有多少失敗的企業沒有在破產時販售麥片賺錢？有多少不成功的企業不建立人脈，藉此拯救自己的公司？有多少不成功的企業自知需要幫助，卻沒有申請創業加速器輔導？又有多少不成功的企業在發現目前的想法不可行時，沒有選擇換一個新構想？

Airbnb未必是比他人幸運，而是善用任何努力的人都可以預期獲得的好運。況且即便Airbnb看起來或許真的很幸運，全球疫情阻礙人們旅遊，也讓他們的運氣壞到極點。

疫情爆發後不久，Airbnb訂房數大減七二%；[4]估值從三百一十億美元下滑到一百八十億美元；而且公司被迫中止上市計畫。但是就像所有超級成功的企業一樣，Airbnb很懂得在倒大楣時變通，他們快速刪減成本，並轉而經營長租市場；他們也提出非比尋常的慷慨資遣方案給遭到資遣的員工，並且大方退款給顧客，成功營造正面形象。他們並沒有抱怨疫情在公司上市前爆發有多麼不公平，而是努力應對問題。二〇二〇年年底，Airbnb公布的財報顯示公司並未虧損令人驚豔，之後以估值超過一千億美元首次公開發行（Initial Public Offering, IPO）。[5]

柯林斯與韓森的研究顯示，雖然我們總是看到成功的人或組織遇上各種好運事件，但是其實在運氣背後還有良好的決策；換句話說，成功的人或組織做的事讓他們看起來比其他人幸運。事實上，新研究（許多關注藝術界的成就）揭露一些創造機運的策略。或者套用我總結資料科學界引人入勝的新研究時的說法：運氣的背後存在一套規則。

## 難以量化的藝術領域如何破解運氣

艾爾伯特—拉斯洛．巴拉巴西(Albert-László Barabási)這位美國東北大學(Northeastern University）物理學家，探究成功背後的數學規則，並把結果寫進絕妙著作《成功竟然有公式》（*The Formula*）之中。巴拉巴西發現，各領域的成就可以量化的程度不盡相同，他特別點名運動與藝術兩者存在天壤之別。[6]

運動選手的強弱還算容易判斷。麥可・喬丹（Michael Jordan）在全盛時期顯然是地表最強的籃球球員，比其他選手得更多分，也引領團隊拿下最多次總冠軍。菲爾普斯職涯巔峰期游得比誰都快、尤塞恩・波特（Usain Bolt）是最強飛毛腿，都是無庸置疑的事。

像我這種運動宅男念高中時，可能會決定不要花時間交朋友，把時間拿來挖掘新的數據，判斷哪一位依據傳統理論排名第一百位的棒球球員實際上可能是第八十六強。但是我們基本上都同意，職棒大聯盟和小聯盟球員確實不同。全世界最強的運動員整體而言都已經被發掘，並且獲得出頭的機會。

但是藝術家就不一樣了，藝術的好壞不容易衡量，門外漢很難判定優劣，連藝術評論家有時候也說不上來。《華盛頓郵報》（*Washington Post*）專欄作家傑納・溫加騰（Gene Weingarten），說服全球知名小提琴家約夏・貝爾（Joshua Bell）假扮成街頭藝人，到華盛頓特區的地鐵站演奏，經過的一千零九十七人中，只有七位停下來聆聽。[7]另一位大膽的記者亞克・阿爾克松（Åke Axelsson）找來四歲的黑猩猩畫「現代」畫，結果獲得好幾位藝術評論家讚賞。

你也知道世界上有那種很煩又不成熟的人，會在博物館看畫（特別是現代畫作）時說：「我看不出那有什麼特別的？」那個很煩又不成熟的人就是我，而從研究結果來看，那位很煩又不成熟的人講的話不無道理。

在這個表現難以評斷的世界裡，存在兩個顯著的現象。

## 蒙娜麗莎效應：失竊事件造成的全球風潮

我將第一個效應稱為「蒙娜麗莎效應」（Mona Lisa Effect），你應該已經猜到，我是以名畫〈蒙娜麗莎〉（*Mona Lisa*）來為此效應命名。蒙娜麗莎效應指的是，意外事件顯著影響作品成就。*

〈蒙娜麗莎〉會成為世界最出名的畫作，其實是拜某個意料之外的事件所賜。你可能以為〈蒙娜麗莎〉名聞遐邇是因為作品品質好：主角的眼睛（不管你在哪裡，感覺那雙眼睛都會直視你），神祕的半抹微笑；主角的特徵（高額頭、尖下巴，一名平凡的女人感覺讓人輕易愛上）。

但事實是，〈蒙娜麗莎〉掛在羅浮宮的前一百一十四年間，雖然具備同樣的眼睛、笑容與臉龐，但仍舊只是眾多名畫之一，日復一日，它就這樣掛在羅浮宮的牆上，與館內其他世界級作品相比並沒有特別突出。

要進入本書第一則真實犯罪故事囉！

一九一一年夏末的某個週二早晨，一名守衛走進羅浮宮，結果發現〈蒙娜麗莎〉不見了，只剩下原本用來掛畫的四個掛勾還留在牆上。[8] 法國主要早報《時報》（*Le Temps*）在當天傍晚為了這則新聞出版特刊，隔天，〈蒙娜麗莎〉失竊案登上全球報紙頭條。

原本不知道〈蒙娜麗莎〉這幅畫的人，都假裝自己聽過，即使不覺得詫異，也要假裝驚訝。「〈蒙娜麗莎〉怎麼了？」成為全球風潮，媒體關注度媲美戰爭。

剛開始，警察懷疑是一個年輕德國男孩偷走畫作，這個男孩曾多次造訪羅浮宮，警察認為男孩對李奧納多・達文西（Leonardo da Vinci）畫作中的女人深深著迷、陷入熱戀，

---

* 還有另外一種「蒙娜麗莎效應」，它的基本概念是不管你站在哪裡，畫作主角的視線都會跟著你。

所以才會偷走畫作。驚人的是，當時各界非常同情這個男孩，有些思想領袖甚至提出，男孩的愛之深切或許讓他值得獲得那幅畫。

有一小段時間，調查重點是約翰・皮爾龐特・摩根（John Pierpont Morgan）這位美國銀行巨擘。許多法國人懷疑，只有美國人才會厚顏無恥到認為只有自己有資格享有〈蒙娜麗莎〉。調查發現，事發當時摩根人在義大利度假後，他立刻遭到媒體窮追不捨。

後來又有一段時間，警方將一群藝術家視為主要嫌疑人，其中包含巴勃羅・畢卡索（Pablo Picasso）。當時畢卡索正領導一群年輕當代藝術家進行創作。有告密者指出，這群人遵循的格言是藝術家必須「殺害自己的父親」。消息流出後，警察認為他們可能犯下這起竊盜罪，以作為扼殺文藝復興藝術品的終極手段。

不過，就像大多數的真實犯罪故事一樣，實情不如編造的理論來得吸引人。最後調查發現，其實是一名羅浮宮基層員工偷走畫作，理由是認為此舉可以提升朋友手中的複製品價值。犯行兩年後，該員工試圖將〈蒙娜麗莎〉賣給一家義大利藝廊，警方這時候才逮住這個笨賊。

撇開掃興的結局不談，〈蒙娜麗莎〉在這兩年間獲得前所未有的曝光度。當這幅畫作回到羅浮宮內，物歸原位時，人潮蜂擁而至。所有人都想看看他們成天聽人談論的這幅畫作。這幅畫作如此特別，讓人覺得摩根會想要私吞、畢卡索會想將它從世界上移除。現在滿坑滿谷的人都會停下腳步，欣賞那雙眼睛、那抹微笑和那張臉。

誰也沒料到〈蒙娜麗莎〉會遭竊，這起看似隨機的事件讓〈蒙娜麗莎〉從數千幅受人推崇的畫作之一，一躍成為舉世聞名的畫作。如果不曾遭竊，〈蒙娜麗莎〉可能依舊只是羅浮宮一角的某一幅畫作，大多數遊客在離開羅浮宮，繼續遊覽巴黎前，只會稍微看一眼。

如果不曾遭竊，〈蒙娜麗莎〉對我來說就只是在一九六六年到巴黎家庭旅遊時，錯過的眾多畫作之一。當時，我在羅浮宮內大吵大鬧，抱怨全紐澤西州沒有其他小孩得跟著父母參觀博物館，蓋瑞特和麥可這時候八成在看大都會隊的球賽，為什麼我非得在這個白痴國家的白痴城市裡，進入這個白痴的大樓，看一些掛在牆上的白痴東西。蒙娜麗莎效應顯然對我這個小鬼沒用。

## 達文西效應：重點不是你做了什麼，而是你是誰

第二個在品質難以衡量時會出現的現象，就是「達文西效應」（Da Vinci Effect），[9]這個說法在二〇一七年由傑夫．阿爾沃思（Jeff Alworth）首度在部落格中提出。達文西效應指的是，一名藝術家的成就會為他招來更大的成就，人們願意花更多錢，購買知名創作者的作品。

確實有很多例子都是某件藝術品因為專家對創作者是誰的觀點改變，而出現極大的價值變化。讓我們以〈救世主〉（*Salvator Mundi*）這幅耶穌像為例。[10]二〇〇五年，這幅畫作賣不到一萬美元。短短十二年後，就以四億五千零三萬美元在二〇一七年售出，刷新藝術品最高售價紀錄。是什麼讓這幅畫作在短時間內價格暴漲？在這段期間，專家轉而相信這幅畫作是由達文西所創；換句話說，只因為是達文西畫的，同一幅畫作的價值就變成過去的四萬五千倍以上。

一名想追求卓越的藝術家，在受蒙娜麗莎效應與達文西效應影響的世界裡該怎麼做？許多人面對這些效應的主要做法就是抱怨：「**人生太不公平了！那幅畫其實根本沒**

有比我的好。」

一般而言，我對抱怨的行為毫無保留地支持，也把抱怨視為應對成年人生的主要機制。然而，我必須承認數據百分之百駁回抱怨的正當性。科學家已經發現，那些成功機率較高的藝術家都具備某項特質，這些人都懂得利用藝術成就的隨機性，把它變成自己的優勢。此外，這些藝術家讓自己比別人好運的技巧，和特定繪畫或歌唱技巧不同，就算不是藝術家也可以用得上。

## 史普林斯汀法則：四處遊走找機會

巴拉巴西（就是那位研究「成功」背後的數學規則的人），以及其他科學家組成的團隊（由弗萊伯格領軍），研究如何預測藝術界有哪些人會成功。[11]他們與Magnus手機應用程式合作，蒐集畫家的展覽與拍賣資訊，建立截至目前為止最出色的藝術成就資料集。

他們獲得四十九萬六千三百五十四名畫家的生涯發展資料，科學家得知每位畫家展示畫作的絕大部分地點，以及他們售出的絕大部分畫作售價。

研究人員首度留下紀錄，看出一點達文西效應的影子。他們發現，某位畫家在極受推崇的畫廊展出畫作後，職業上獲得成就的機率就會大增。藝術家如果在世界頂尖的畫廊展出畫作，例如紐約市的古根漢美術館（Guggenheim Museum）或芝加哥藝術學院（Art Institute of Chicago），就有三九％的機率在十年後仍持續展出畫作。這些藝術家中，有超過一半的人在後續職涯裡，都會不斷在知名畫廊展示作品，他們的畫作最高售價平均是十九萬三千零六十四美元。那些不曾在知名畫廊展出的藝術家前途則黯淡許多，有八六％都在十年內退出，更有高達八九．八％的機率在生涯結束前，都未能進入頂尖藝廊舉辦畫展，他們的作品最高售價平均只有四萬零四百七十六美元。

科學家發現，只要你的作品曾在一流畫廊展出，就會成為獲得擔保的圈內人，策展人會樂於展示你的作品，買家也會樂於購買你的畫作。從這些少數幸運兒的數據中，可以清楚看出他們將過著輕鬆的人生，不但成就會愈來愈高，更會有人對他撒大錢。

當你聽到這些已獲擔保的藝術家具有多大的成功優勢後，可能很容易感到生氣，想要抱怨：「我的作品比他們來得好！」圈外人藝術家或許會這麼說：「那些人會買，只是因為他拿到對的憑證！」但這類抱怨都忽略一個重要事實——大部分圈內人一開始也都是圈外人，他們必定做了什麼才能獲得擔保，搭上生涯順風車。

弗萊伯格及其團隊對畫家生涯的研究，從這裡開始變得精彩。他們發現，這群成功從圈外走進圈內的藝術家，都採用一個值得注意的策略：「持續不懈且拚命進行初步搜尋。」

研究人員發現，可以把圈外人藝術家分成兩類：第一類藝術家在同一家畫廊反覆展出畫作；第二類藝術家則在世界各地不同的畫廊展示作品。不，古根漢美術館不會接受這些畫作。（他們還不是圈內人。）但是這些四處尋覓機會的藝術家發現，其他畫廊會讓他們展出。

想要了解兩者的差異，以下針對兩種類型的藝術家分別提出幾個展覽時程的例子。首先，第一張表格是第一類藝術家的展覽時程，這個圈外人從未真的衝進圈內。

請注意，第一類藝術家會在自己的母國、相同的地方反覆展示畫作。

接下來，第二張表格是第二類藝術家的展覽時程。這名德國藝術家名叫大衛・奧斯特洛夫斯基（David Ostrowski），他已經成功進入圈內。

**第一類年輕藝術家的展出時程**[12]

| 展覽日期 | 城市 | 國家 | 機構 |
|---|---|---|---|
| 2004年2月13日 | 懷塔克雷市 | 紐西蘭 | Corban Estate Arts Centre, CEAC |
| 2005年2月15日 | 荷尼灣 | 紐西蘭 | Melanie Roger Gallery |
| 2006年3月14日 | 荷尼灣 | 紐西蘭 | Melanie Roger Gallery |
| 2007年4月17日 | 荷尼灣 | 紐西蘭 | Melanie Roger Gallery |
| 2007年10月2日 | 荷尼灣 | 紐西蘭 | Melanie Roger Gallery |
| 2008年4月15日 | 荷尼灣 | 紐西蘭 | Melanie Roger Gallery |
| 2008年7月5日 | 下哈特 | 紐西蘭 | 道斯美術館（The Dowse Art Museum） |
| 2008年9月9日 | 荷尼灣 | 紐西蘭 | Melanie Roger Gallery |
| 2009年2月11日 | 荷尼灣 | 紐西蘭 | Melanie Roger Gallery |
| 2009年8月29日 | 基督城 | 紐西蘭 | 基督城美術館（Christchurch Art Gallery Te Puna o Waiwhetu） |
| 2009年10月21日 | 荷尼灣 | 紐西蘭 | Melanie Roger Gallery |
| 2010年11月24日 | 荷尼灣 | 紐西蘭 | Melanie Roger Gallery |
| 2010年11月30日 | 威靈頓 | 紐西蘭 | Bartley and Company Art |
| 2011年1月26日 | 荷尼灣 | 紐西蘭 | Melanie Roger Gallery |
| 2011年10月4日 | 威靈頓 | 紐西蘭 | Bartley and Company Art |

**第二類年輕藝術家的展覽時程**

| 展覽日期 | 城市 | 國家 | 機構 |
|---|---|---|---|
| 2005年10月19日 | 科隆 | 德國 | Raum für Kunst und Musik e.V. |
| 2005年11月13日 | 奧伊彭 | 比利時 | IKOB當代藝術博物館（IKOB—Museum für Zeitgenössische Kunst Eupen） |
| 2006年10月20日 | 卡爾弗城 | 美國 | Fette's Gallery |
| 2006年10月25日 | 科隆 | 德國 | Raum für Kunst und Musik e.V. |
| 2007年9月3日 | 杜塞道夫 | 德國 | ARTLEIB |
| 2007年12月7日 | 科隆 | 德國 | Raum für Kunst und Musik e.V. |
| 2008年9月7日 | 杜塞道夫 | 德國 | First Floor Contemporary |
| 2008年10月11日 | 台北 | 台灣 | 也趣藝廊 |
| 2010年6月26日 | 杜塞道夫 | 德國 | PARKHAUS im Malkastenpark |
| 2010年7月3日 | 赫爾辛格 | 丹麥 | Kulturhuset Toldkammeret |
| 2010年11月13日 | 溫哥華 | 加拿大 | 304 days Gallery |
| 2011年2月25日 | 慕尼黑 | 德國 | Tanzschule Projects |
| 2011年3月6日 | 海格 | 荷蘭 | Nest |
| 2011年6月23日 | 科隆 | 德國 | Philipp von Rosen Galerie |
| 2011年7月1日 | 柏林 | 德國 | Autocenter |
| 2011年11月18日 | 漢堡 | 德國 | Salondergegenwart |
| 2011年12月2日 | 科隆 | 德國 | Mike Potter Projects |
| 2011年12月3日 | 阿姆斯特丹 | 荷蘭 | Arti et Amicitiae |
| 2012年1月28日 | 科隆 | 德國 | Berthold Pott |
| 2012年2月25日 | 蘇黎世 | 瑞士 | BolteLang |

**第二類年輕藝術家的展覽時程**

| 展覽日期 | 城市 | 國家 | 機構 |
|---|---|---|---|
| 2012年3月2日 | 科隆 | 德國 | Philipp von Rosen Galerie |
| 2012年3月3日 | 阿姆斯特丹 | 荷蘭 | Amstel 41 |
| 2012年3月9日 | 科隆 | 德國 | Koelnberg Kunstverein e.V. |
| 2012年3月22日 | 倫敦 | 英國 | Rod Barton |
| 2012年3月24日 | 科隆 | 德國 | Jagla Ausstellungstaum |
| 2012年4月16日 | 科隆 | 德國 | Kunstgruppe |
| 2012年4月19日 | 科隆 | 德國 | Philipp von Rosen Galerie |
| 2012年4月26日 | 柏林 | 德國 | September |
| 2012年4月28日 | 萊比錫 | 德國 | Spinnerei |
| 2012年7月10日 | 紐約 | 美國 | Shoot the Lobster |
| 2012年7月21日 | 杜塞道夫 | 德國 | Philara-Sammlung zeitgenössischer Kunst |
| 2012年10月18日 | 洛杉磯 | 美國 | ltd los angeles |
| 2012年11月3日 | 蘇黎世 | 瑞士 | BolteLang |
| 2013年1月15日 | 米蘭 | 義大利 | Brand New Gallery |
| 2013年3月1日 | 柏林 | 德國 | Peres Projects |
| 2013年3月7日 | 科隆 | 德國 | Kölnisches Stadtmusuem |
| 2013年4月1日 | 布魯塞爾 | 比利時 | Middlemarch |
| 2013年4月3日 | 聖保羅 | 巴西 | White Cube |

請注意，奧斯特洛夫斯基和第一類藝術家不一樣，他在很多不同國家的多間不同藝廊展出畫作。他「持續不懈且拚命進行早期搜尋」，只要機會降臨就會點頭，地方再遠也要去。弗萊伯格及其研究團隊發現，第二類藝術家都和奧斯特洛夫斯基一樣，會在眾多不同的藝廊展出作品，這些人擁有長久而成功生涯的可能性，是第一類藝術家的六倍。

為什麼在眾多不同的畫廊展出，而不是重複在同個地方展出這件事，可以用來預測畫家未來是否成功？

研究人員透過數據發現，有幾家畫廊出乎意料地穩定提升藝術家名望，包括漢默美術館（Hammer Museum）、狄金森（Dickinson）及白立方（White Cube），這些都不是最有名的畫廊，在那個時間點也不可能預測這些較不知名的畫廊可以為藝術家創造機會。但是這些畫家四處奔走，較有可能剛好踏入這些畫廊而取得事業上的突破；圈外人藝術家往往無法找到這類開創機運的展覽。

我在研讀弗萊伯格及其團隊的藝術家大數據研究時，正在看：《史普林斯汀的百老匯個人秀》（*Springsteen on Broadway*）。史普林斯汀敘述自己二十一歲時的經驗，當時他已經花了好幾年的時間，在澤西海岸（Jersey Shore）的家鄉酒吧磨練搖滾技巧。年紀尚輕的史普林斯汀憑藉直覺，就發現弗萊伯格和其他人透過大數據揭露的結果：空有天賦還不夠，他需要拚命努力讓人發掘。史普林斯汀是這樣為自己做出診斷的：[13]

我聽廣播時想著：「我和那個人一樣厲害。」「我比那個人好。」那麼為什麼不是我？

答案：因為我住在這個他媽的荒郊野外……這裡沒有人，也沒有人會過來這裡。這真的很慘。在一九七一年，誰會跑到澤西海岸挖掘明日之星？……連個鬼影子都沒有。

史普林斯汀可能不小心就淪為第一類藝術家，在同一個地方反覆展出自己的藝術品，期待某個人會發掘。但是相反地，他認清自己的問題，也知道該用什麼解決方法，來確保自己可以成為第二類藝術家——那種努力環遊世界，試圖找到走運機會的藝術家。

史普林斯汀在自己的節目中，描述他在二十一歲時和樂團共同召開的一場會議：「我把所有人找來，然後說道：『我們必須脫離澤西海岸的拘束，到我們不知道的地方冒險，這樣才有辦法被人聽見或看見，或是被發掘。』」

透過一位在舊金山有人脈的朋友，史普林斯汀獲邀前往加州大瑟爾（Big Sur）演出，接獲通知的三天後，就要登上跨年活動。他和樂團成員開著一輛旅行車橫越整個國家，除了加油外，完全沒有停歇。

接下來幾年裡，史普林斯汀過著第二類藝術家的生活：他巡迴美國各地，有打工的機會就接，四處與音樂家碰面，偶爾會獲得唱片公司邀約試鏡，但是最後總被拒絕。直到史普林斯汀在旅行過程中結識的音樂家朋友，幫他和一位音樂家經紀人牽線，因此獲得位於紐約市的哥倫比亞唱片（Columbia Records）邀約試鏡。這一次他成功了，簽下第一紙唱片合約，現在他進入圈內，事業雪球準備一路滾下山坡。現在有人只因為他是史普林斯汀就演奏他的音樂，但是在他的事業剛起步時，沒有人想要演奏他的歌曲，因為他只是澤西海岸的無名小卒。

我們往往會覺得史普林斯汀之所以是史普林斯汀，是因為他的歌詞富有詩意，演唱會又活力四射；我們覺得那些歌曲充滿力量的人，注定是名震四方的藝術家。那確實是必要成分，但是只有這樣還不夠。史普林斯汀之所以可以成為史普林斯汀的另一個原因是，他在二十一歲時願意為了一場跨年活動，開車橫越整個國家，只為了讓作品被看見。世界上應該存在很多和史普林斯汀一樣天賦異稟的音樂家，但就像Magnus數據中發現的第一類藝術家一樣，他們總是待在自己的家鄉，在相同的地方反覆表演，等著被發掘卻從未如願。想要成為成功的藝術家，你不只需要天賦，還需要是為了提高被發掘的機會而開車橫跨全美的那種人。史普林斯汀就像奧斯特洛夫斯基及其他無數成功的藝術家一樣，自己贏得好運。

即使你不是藝術家，這些藝術家大數據帶來的啟示也可以套用到許多其他領域。

如果你所屬的領域完全只看績效，或許就不必為了尋覓機會而東奔西跑。全世界最具潛力的美式足球球員，只要在大學的職業日(Pro Day)好好表現，就能獲得所有球探的關注。

但是很多領域都比較接近藝術而非運動，你所屬的領域愈難以衡量一個人的條件優劣，適合畫家的做法就對你愈適用。

如果還沒有遇上毫不費力就扭轉人生的機運，你不應該像大數據指出的那些失敗藝術家一樣，守著同一份工作，繼續容忍高層忽視你的才華，而是應該避開那些讓有才華的人數十年停滯不前的場域。如果你的工作環境感覺不像漢默美術館、狄金森或白立方，就應該離開。如果機緣還沒找到你這裡來，十之八九以後也不會來。

為了找到好運，快去旅行吧！

## 畢卡索法則：多產出一些作品，讓好運找上你

加州大學戴維斯分校（University of California, Davis）知名心理學教授迪恩・西蒙頓（Dean Simonton），在一份傳奇性研究中，揭露一個有意思的關聯性。愈多產的藝術家，暢銷作品通常愈多。[14]西蒙頓發現，藝術產量與傑出程度（從各種標準來看）相關，而且很多領域都是如此。

史上最出名，有最多經典名作的藝術家中，大多是創作數量多到驚人的作品，之後才會出現代表作。

亞當・格蘭特（Adam Grant）在他的好書《離經叛道：不按牌理出牌的人如何改變世界》（*Originals*）中指出，威廉・莎士比亞（William Shakespeare）在二十年間寫了三十七部劇本、路德維希・范・貝多芬（Ludwig van Beethoven）寫了超過六百首曲子、巴布・狄倫

（Bob Dylan）寫了五百首以上的歌曲。但是恐怕沒有任何一位藝術家比畢卡索還多產，他總共畫了超過一千八百幅油畫、一萬兩千幅素描，其中只有非常少數廣為人知。

為什麼產出多寡可以用來預測藝術家成功與否？

有很多造成這種關聯性的可能原因。第一個原因是：才華洋溢的藝術家創作時，要兼具質與量比較容易。狄倫在全盛時期寫出的熱門歌曲，多到他有時候都忘了哪些是自己寫的。

有一天，狄倫和好友瓊．拜雅（Joan Baez）一起坐車，廣播傳來拜雅演唱的〈LOVE不過就四個字〉（Love Is Just a 4 Letter Word）。狄倫沒聽出來，但是覺得很好聽。

「真是一首好歌。」狄倫說。

「那是你寫的。」[15]拜雅回應道。

第二個產量與藝術名望會有關聯的原因則是，較早出名的藝術家可能在創作更多作品的過程中，獲得較多幫助。

但是除此之外，還有另一個連結多產與成功機率的因素：大量產出作品的藝術家較有機會走運。

試想某件藝術品能否成功就像一張樂透彩券，未知的事件有時候可以創造極大的成功。如果你的樂透彩券比別人多，就有較大的機會可以賭中其中一次好運。

由於藝術家有時無法預測，自己的作品到底能不能稱得上是傑作，因此大量產出對他們來說格外重要。一項研究仔細研讀現存貝多芬寫的信件，結果發現至少有八首他不喜歡的曲子，最終被視為經典之作。[16]

伍迪．艾倫（Woody Allen）編修完電影《曼哈頓》（*Manhattan*）後，非常不喜歡這部作品，因而要求聯藝電影（United Artists）不要播放，甚至主動提出無償製作另一部電影，以免《曼哈頓》在全球上映太丟臉。聯藝電影駁回艾倫的訴求，照樣在全球上映，結果該片立刻被認定為經典之作。

史普林斯汀完成第三張專輯《為跑而生》（*Born to Run*）時，恨死它了。[17]「我覺得這是我聽過最糟的垃圾。」史普林斯汀如此表示。他一度考慮不要發表這張專輯，後來被製作人尊．蘭度（Jon Landau）說服才推出。

這張專輯除了收錄同名主打歌外，還有〈崎嶇路〉（Thunder Road）、〈叢林地〉（Jungleland）及〈第十大道凍僵了〉（Tenth Avenue Freeze-Out）都紅透半邊天，讓史普林斯汀登上《時代》（*Time*）與《新聞週刊》（*Newsweek*）的封面。《滾石》（*Rolling Stone*）雜誌形容這張專輯「很偉大」，最後《為跑而生》被評選為史上最佳搖滾專輯之一。

好險貝多芬、艾倫及史普林斯汀雖然態度保留，但最後仍將作品和全世界分享。不過未曾和他們達到同等地位的藝術家沒有這麼做，而是預先否定了自己。

當然，如果藝術家可以完美評斷自己的作品是否會受到歡迎，在決定要發表哪些作品時格外挑剔，也完全沒問題，但是他們做不到這一點，因此必須壓抑那股想要限制自己的作品大量流入世界的慾望。只要發表更多的作品，或許哪一次世界就會捧紅作品，給藝術家一個意外的驚喜。

產量的價值可以套用到藝術以外的領域嗎？

西蒙頓的確在科學界找到類似的關聯性，發表論文數量最多的科學家，最有可能拿下重要獎項。學者發現，還有其他領域也存在這種產量與結果好壞的關聯性。

## 交友市場的畢卡索法則

第一章曾提及，有非常多證據顯示某些特定的人在交友市場上更有吸引力。你可能還記得那一章裡的「不然咧？」的研究結果。漂亮的人傳送訊息後，較可能收到回覆；當你傳送訊息給俊美的對象，收到回覆的機率較低。

以下用兩個圖表彙整「膚淺」的數據，幫你喚醒一下記憶。

這裡一樣沒有什麼驚人之處。數據指出，外貌在交友市場上很重要。

但在那一章中，我們並未耗費太多筆墨說明實際的回覆率，現在讓我們更仔細地檢視這些數字。

看一下當最不英俊的男性（長相介於第一到第十百分位數），聯繫最漂亮的女性（長相介於第九十一到第一百百分位數）時的情況。

在看到這份數據前，你想像這位男性收到回覆的機率有多高？我會猜測機率超低。或許一％？可能是二％？頂多三％？畢竟我們說的是外貌百分位數最低的男性，在邀約外貌百分位數最高的女性，我們談論的是一分的人要約十分的人，根本就是癩蝦蟆想吃天鵝肉！

實際上，這位男性在這樣的情況下，收到回覆的機率是一四％。如果反過來是女性

最英俊的男性回覆各顏值女性訊息的機率

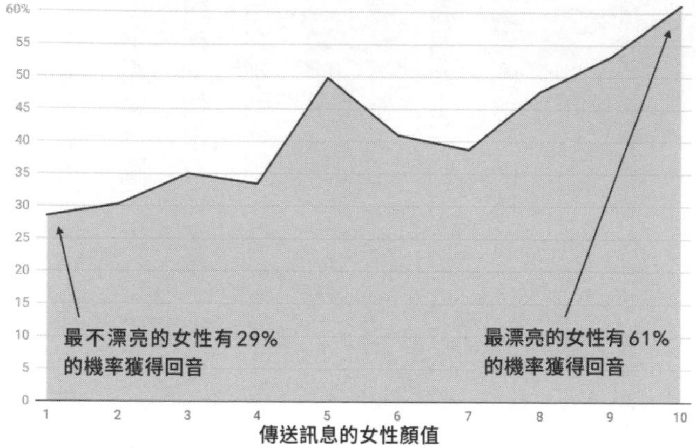


資料來源：赫霄、霍塔蘇及艾瑞利（2010）；數據由赫霄提供。以Datawrapper製圖。

最漂亮的女性回覆各顏值男性訊息的機率

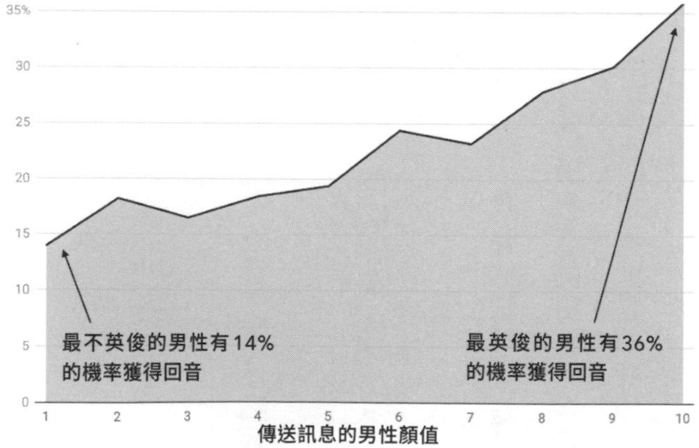


資料來源：赫霄、霍塔蘇及艾瑞利（2010）；數據由赫霄提供。以Datawrapper製圖。

傳送訊息邀約依傳統標準來看最英俊的男性，收到回覆的機率更高。外貌介於第一到第十個百分位數的女性有大約二九%的機率，在傳送訊息給外貌介於第九十一到第一百百分位數的男性後會收到回覆。當然，有回覆訊息不見得能演變成約會，但是有時會。

按照傳統定義分級，癩蝦蟆吃到天鵝肉的機率意外地不低，這件事在其他研究中也獲得證實。伊莉莎白・布里齊（Elizabeth E. Bruch）和馬克・紐曼（Mark E. J. Newman），採用不同的研究方法與不同交友網站的數據，結果發現，網站上最缺乏魅力的男性傳送訊息給最漂亮的女性，收到回覆的機率大約是一五%；[18]最缺乏魅力的女性傳送訊息給最英俊的男性，收到回覆的機率大約是三五%。

這些優於預期的數據，對於設定最佳交友策略極具意義，由此可知，你應該廣邀多人。這樣想吧！假設有一個人按照布里齊和紐曼的排名，屬於交友網站上最缺乏魅力的男性，他幻想要和網站上最有魅力的女性約會。回憶一下第一章的內容，以達成長遠的幸福關係而言，這未必是一個好主意，因為眾人嚮往的特質往往不會導向長久的成功戀情，不過讓我們暫時忽略這件事。

這位男性想和超級大美人約會，卻清楚自己長得很抱歉。從數據可以知道，每一次他邀約這樣的女性，被拒絕的機率都會大於被接受的機率。

不過，機率可能比他原先的設想來得高。如果他多問幾位美女，聽到「好」的機率就會以驚人的速度達到驚人的高點。

這裡就可以用數學估算出來。利用布里齊和紐曼的估計值來看，最缺乏魅力的男性有一五％的機率可以收到最有魅力的女性回覆。

在這樣的情況下，一名男性邀約一位美女出門，有一五％的機率獲得回覆；如果他詢問四位美女，就有四八％的機率；問十個，機率變成八〇％；問三十個，就有（等著瞧！）至少有一位回覆的機率高達九九％。

而且如果是最缺乏魅力的女性邀約最有魅力的男性，機率會高很多。因為數據顯示，她們更有可能收到回音。這或許就是為什麼另一項研究會判定，異性戀女性如果多主動出擊，和更有魅力的男性配對成功的機率會大幅提升。[19]

在戀愛市場上，如果你多方嘗試，就有更多機會碰上好運，如同畢卡索釋出大量作品供世人瀏覽，讓世界有機會給予部分作品認同是相同的道理。在戀愛市場上，多約一些人出去等於是讓更多潛在對象有機會認可你。

戀愛市場就像藝術一樣，很重要的就是不要先自我否定。你或許還記得我剛剛說的那些故事，很多藝術家都無法判斷自己的作品優劣。很多貝多芬的名曲被他認為是糟糕的作品；艾倫覺得發表《曼哈頓》會讓他很丟臉；史普林斯汀以為《為跑而生》是「垃圾」。那些偉大的藝術家雖然擔心作品不會獲得好的回響，但還是發表了，因此讓世界有更多機會給予他們意料之外的好消息。

交友時，我們之中有多少人會過不了心理這一關？自認毫無機會約到我們想邀約的對象？有多少人因為覺得自己是癩蝦蟆想吃天鵝肉，而沒有邀約對方？又有多少人覺得自己是「垃圾」，或是覺得邀約特定的人約會可能會害自己丟臉？

數學告訴我們，受到這樣的不安全感驅動顯然是一個錯誤。邀約那些表面上看起來比你有魅力的人，成功機率或許很低，卻比零高出許多。

## 交友就是一場數字遊戲

這個數據帶給我們的啟示，我自己也曾實際體會。三十五歲以前，我在邀約女性上絕對不是畢卡索這一類型。事實上，我邀約的女性人數可能一隻手就可以算得出來。

就讀研究所時，我喜歡上一位漂亮又聰明的女子。我和她搞曖昧，卻沒辦法說服自己約她出去。感覺十分荒謬。我和她？別鬧了！

好幾年後，我發現對方其實希望我約她，而且只要我開口，她就會點頭。

值得慶幸的是，這些年來我已經理解，如果想有機會覓得佳人，就必須推銷自己。在我遇到茱莉亞時，已經懂得即便覺得沒有機會得到對方肯定的答覆，也要強迫自己邀約心儀的女生。茱莉亞美麗、聰明又活潑，更重要的是，她對自己的生活感到滿意，具備成長性思維、非常有責任感，也屬於安全依附類型。當時我不容許自己尚未行動就自我否定，雖然很常聽人說「不要」，但有時候也會聽到別人說「好」。

我和茱莉亞第一次約會時，適逢疫情，我們在她家樓頂小酌。當時我覺得茱莉亞對我不感興趣，她的肢體語言讓我覺得她不來電，況且她有什麼道理會對我有感覺？她比我高兩吋（即五．〇八公分），以傳統標準來看外表更加標緻，比我更外向又討人喜歡。

根深蒂固的直覺告訴我，應該先否定自己。我有一股衝動想要結束約會，然後再也不和她聯絡，深信如果自己提出進一步的要求就會被拒絕。但是我決定抗拒這份直覺，即使極度緊張，還是問她願不願意共進晚餐。晚餐又延伸到第二次約會，然後是第三次約會，再到一週年紀念。交往過程中的某個時點，我得知她在第一次約會時就被我吸引。如果當時我就這樣離開並消失，她會感到非常失望，然後傳送訊息給所有女性友人，想搞清楚自己做錯什麼。想知道因為不安全感而誤判情勢，和先行自我否定的慾望有多危險，問**我**就對了！

克里斯．麥克金雷（Chris McKinlay）也學會這一招，[20]他很了解尋找另一半時，增加其他人選擇你的機會和讓你桃花運大開的力量。麥克金雷被《連線》（*Wired*）雜誌形容是「數學天才」、「為了找到真愛而駭進OkCupid」。他成功提高自己幸運配對的機率，但不是靠著多邀約一些人，而是高明地駭進系統，把自己的個人頁面推播到更多人面前。

麥克金雷發現，每當有男性瀏覽女性的個人頁面，女性就會收到通知。因此就像許多從數據而生的創新做法一樣，麥克金雷寫了一個機器人程式，讓他可以瀏覽超大量潛在對象的個人頁面，這個人數超過他可以人工瀏覽的女性使用者個人頁面數。

光是靠著增加看到他個人頁面的女性人數，麥克金雷就可以大幅提升對他有興趣的女性人數。在他執行這項策略後不久，他的個人頁面每天就有大約四百人次造訪，一天收到二十則訊息。

接著衍生出超多場約會，包括和克莉絲汀・媞安・王（Christine Tien Wang）的約會，那是他第八十八個約會對象。一年多後，兩人就訂婚了。

交友就是一場數字遊戲，而麥克金雷靠著駭入系統，提高自己的數值。

## 求職市場的畢卡索法則

光是大量應徵工作，就可以大幅改善你的職涯發展。最近一項研究調查上百位科學家找工作的詳細情況，了解他們應徵的所有機構、取得的面試機會與錄取通知。研究人員發現，科學家平均每應徵十五所學校才能收到一份錄取通知。[21]

更有甚者，執行這項研究的科學家發現，證據顯示他們抽樣的科學家應徵的工作數可能不夠多。研究發現，科學家應徵愈多份工作，獲得的面試機會通常也愈多，而收到錄取通知的科學家往往寄發較多份申請文件。

想想看這件事有多驚人，科學家每週工作六十小時，盡可能提升候選資格以實現他們在學術界工作的夢想，但是同樣的一群科學家卻沒有多花數十小時來擴大他們應徵的學校範圍，即便證據指出這樣的做法可以提升他們找到工作的機率。

在某些層面上來說，學術工作是在抽樂透彩券，樂透得主較有可能是多花數個小時累積更多張彩券的人。應徵數量愈多，意味著應徵的結果愈好（也就是愈有可能得到工作）。

按照數據做決定的人，可以做一些提升成功機率的事，像是雲遊四海提高曝光度，或者就像我常說的，好運會降臨在依據數據做決策的人身上。

依據數據做決策的人，還可以用一種方法提升他們大獲好運的機會：改善外貌。這個主題實在太重要了，因此我將用接下來一整章的篇幅討論。

**接下來……**

接下來要介紹幾個機器學習和個人數據蒐集帶給我們的新啟示，說明人們應該如何讓自己的外表達到最佳狀態。

第七章

# 比鏡子更有效的統計分析：從眼鏡到鬍鬚如何改善你的外貌

我六歲時對母親說：「我討厭自己的長相。」

小時候，我常因為外貌被人捉弄。其他小朋友說我的耳朵太大、鼻子太寬、額頭又太高。

從六歲到三十八歲，我對自己的臉感覺一直在有點失望到超級沮喪之間擺盪。事實上，在我寫完第一本書《數據、謊言與真相》後不久，就陷入重度憂鬱，因此換了一位心理治療師。我對他說的第一件事就是：「我很醜，這件事正在摧毀我的人生。」

數十年來，我為自己的外貌感到不安，卻沒做過什麼事來提升外表。事實上，我為了應對這種因外貌而生的不快樂，反而花更少精力打理外表。我沒有好好保養皮膚、衣著隨便，以及剪髮頻率嚴重過低，我還編了超多用外貌自嘲的笑話。

但是直到幾個月前，我終於被說服要採取行動，試圖改善外表。我甚至對自己進行數據分析，找出最適合我的長相。這大概可以稱得上是史上最宅的改造計畫，你或許可以從我的經驗學到幾招，來改善自己的外貌。

讓我採取行動的動機是什麼呢?就是我深入探究臉部科學。

我讀到兩個臉部科學的重大發現：第一，也是非常令人沮喪的一點是，外貌會嚴重影響我們一生的成就，外表的影響力遠比我們許多人意識到的還要大；第二，這點很鼓舞人心，就是我們可以大幅改善外貌。事實上，我們可以改善外貌的程度遠遠超過許多人的設想。

## 長相對成就的影響

芝加哥大學（University of Chicago）教授亞歷山大．托多羅夫（Alexander Todorov），或許是世界上最懂臉的專家。[1]托多羅夫的鼻子高挺、耳朵有點尖，臉部看起來友善、具親和力又有智慧，他研究一個人的臉部長相，對這個人在各領域成就的影響。（提示：超大。）*

以超級重要的政治領域為例，我們總是幻想在大選中勝出的候選人，應該是最配得上那個職位的人，畢竟他們要決定數兆美元的款項分配，我們可能也希望這些自己選出來幫忙做決定的男女政治人物都是絕頂聰明的人，也許我們的政治領袖工作最認真，或

* 托多羅夫有一本很棒的書叫做《顏值》（*Face Value*），我非常推薦。

是總能提出最明智的議案。

然而，托多羅夫和其他研究人員卻發現，在重要選戰中勝出的人，只是靠臉讓選民印象深刻。

在一項研究中，托多羅夫和同事蒐集大量參、眾兩院選舉中，民主黨與共和黨候選人的照片。他們招募一群受試者參加實驗，只要說出每場選戰中的兩位候選人相比，誰看起來較有能力即可。（如果受試者認出候選人是誰，就會剔除那份研究素材。）

如果你喜歡參與科學研究或是拿人臉來排名，可以試著回答研究人員詢問受試者的問題之一。

照片這兩個政治人物，誰看起來較有能力？我猜你應該會選擇右邊那位男性當「有能力先生」。如果我猜對了，你與托多羅夫和同事找來比較這兩張照片的多數人想法一樣。九成的受試者認為右邊的人看起來比左邊的人有能力，而且沒有花費太多時間就做出判斷，一般人只花大約一秒就指向右邊這位男性。

這兩個人是誰呢？他們是二〇〇二年美國蒙大拿州參議院選舉的兩位候選人，右邊這位看起來較有能力的人是民主黨代表馬克斯．博卡斯（Max Baucus），左邊則是共和黨代表邁克．泰勒（Mike Taylor）。

博卡斯被九成的人認為是較有能力的那一個，在兩黨競爭中囊括六成六的選票而勝出；換句話說，這位民眾看一眼就認為較有能力的人，確實獲得選民認可。

看起來較有能力的候選人也會成為選舉中的優勝者這件事，只是這套規則的開端。

準備繼續再多做幾項研究人員的實驗了嗎？請看接下來的兩組臉龐。每一組都請你判斷：並排的兩人中，誰讓你覺得較有能力？

所有政治人物的照片皆擷取自 FiscalNote/Congress at Your Fingertips。已獲得授權使用。

這一次我也要來猜猜你的答案，我猜在上排兩位紳士中，你覺得右邊的較有能力；在下排的男性與女性之間，你應該會覺得左邊的男性看起來較有能力。

如果那是你的選擇，你和多數人的看法一致。看到這兩組臉龐的人中，大約有九成做出和你相同的選擇。

換句話說，被多數人評為較有能力的臉最終都贏得選戰。[2]右上方的是共和黨代表派特．羅伯茲（Pat Roberts），他在二○○二年堪薩斯州的選戰中勝出，拿到八二．五％的得票率，輾壓左上方這位自由派人士史蒂芬．羅賽爾（Steven Rosile）。左下方的這位男性是共和黨代表朱德．克雷格（Judd Gregg），他在二○○四年新罕布夏州參議員選舉中以六六％的得票率，擊敗右下方的民主黨代表桃樂絲．哈多克（Doris Haddock）。

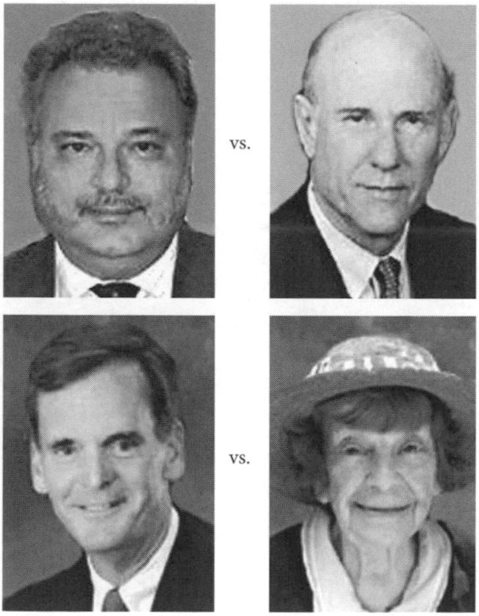


事實上，在托多羅夫和同事研究的所有選戰裡，他們發現被多數受試者認定較有能力的人，贏得七一．六％的參議院選戰，以及六六．八％的眾議院選戰。就算將種族、年齡、性別等其他因素都納入考量，外表看起來有能力對於勝選的重要性依舊存在。

托多羅夫等人的研究告訴我們，有些人的臉上就寫著「我很有能力」，其他人則沒有，選民通常會選擇前者；或是如同托多羅夫和共同作者在論文的研究結果中做出的結論：「（選民）比我們想得還要膚淺。」

一九九二年，比爾．柯林頓（Bill Clinton）的選戰策略制定者詹姆斯．卡維爾（James Carville）在討論選民最重視什麼時，曾有這麼一句名言：「白痴，重點是經濟。」但是研究告訴我們，如果想在重要選舉中獲勝，應該這麼說：「蠢蛋，重點是臉。」

## 長相如何預測職涯成就

政治不是唯一一個靠臉決定最終成就的領域，我們看人臉時，也不會只判斷對方有沒有能力。看著他人，我們會評斷對方是否可信、多聰明、多外向、多精力充沛，還有其他數不清的指標。托多羅夫等人發現，在政治領域，外貌看起來有沒有能力是最重要的；但是在其他領域，我們根據一個人的臉判斷對方擁有的其他特質則更加重要。

以軍方為例，研究人員很想知道哪些因子最能有效預測西點軍校（United States Military Academy West Point）學員的未來成就，[3]他們建立一套資料集，羅列每位學員畢業二十年後的軍階，以及這些人在校內的各項表現。

他們蒐集的數據，包括學員成長過程中家境是否寬裕、校內各項學術成績表現，以及校內多項體能項目表現。最後，研究人員也蒐集每位學員的畢業照，再請受試者對相貌評分。

研究人員發現，最有辦法用來預測學員最終軍階的項目，不是家境顯赫程度、學員是否聰明或跑得多快。事實上，這些特質和學員職涯發展關聯性非常淺薄。

學員職涯成就最重大的預測指標，是他們的臉長得多霸氣。如果長相讓人覺得很霸氣，上校升上准將、少將，再到中將的機率就會較高。

換句話說，在那些夠優秀到足以進入西點軍校就讀的人中，長相霸氣的人往往能獲得主導機會。

有非常多研究都指向相貌與待遇的關聯性，我必須承認這很令人沮喪，人類不但如此膚淺，而且我們的膚淺居然可以造成這麼大的影響，這的確令人感傷。

對我們這些生來就沒有被賦予最佳臉龐的人而言，這些結果似乎令人絕望，如果這張臉沒辦法讓人覺得我們有能力，是否就不能從政？如果看起來不那麼霸氣，從軍夢就此破碎嗎？並不盡然。

這份研究還有一個有趣的轉折，如同眾多科學文獻的轉折一樣，這次的轉折也可以完美濃縮在《歡樂單身派對》其中一集的劇情。

## 同一個人可以展現不同程度的顏值

《歡樂單身派對》第九季第十集中，傑瑞和格溫（Gwen）正在交往。格溫有「兩張臉」，有時候非常迷人，有時候又超不迷人，對她而言，光線似乎是關鍵，可以決定她的顏值是八分還是兩分。

劇情進入中段時，傑瑞把格溫介紹給朋友克萊默（Kramer），那時候格溫看起來並不

霸氣的臉

缺乏霸氣的臉

迷人。到了中後段，克萊默在路上遇到一位女子，他沒認出對方，只覺得極具魅力。這名女子其實就是打光正確的格溫。格溫告訴克萊默，自己在和傑瑞交往，而克萊默告訴她，這不可能是真的。克萊默表示自己最近才見過傑瑞的女友，遠遠不如現在和他談話的這位女子來得美麗。

格溫這下子堅信，傑瑞一定是背著她，和克萊默口中長得較不好看的女子交往。這一集最後有一幕是，再次看起來風情萬種的格溫跑去質問傑瑞。她告訴傑瑞，自己已經知道傑瑞劈腿，正和另一個較醜的女人交往，然後就氣憤地離開了。傑瑞追下樓，想說明自己沒有劈腿，把格溫哄回來。但是當他在門廊追上格溫時，格溫當下看起來並不美麗，讓傑瑞瞬間沒有和她交往的慾望，於是轉頭離開。

「門廊打光差。」傑瑞解釋道。

科學告訴我們，我們所有人在某些層面上都是格溫，時而美麗，時而難看。

在所有我們已經討論的研究裡，托多羅夫和世界上其他研究臉部科學的人都請受試者針對某人的某張照片評分。受試者比較克雷格和哈多克看起來誰較有能力時，只看一張照片就做出判斷。評斷軍方學員時，受試者也是只看每個人的單張照片，決定長相是否霸氣。感覺就像是說每個人都只有一種樣貌，同時展現能力、霸氣或魅力，我們對此都無能為力。

但是托多羅夫和哥倫比亞大學（Columbia University）研究人員珍妮．波特（Jenny M. Porter）合作進行一項有趣的研究，請受試者不只對某個人的單一張照片評分，而是要對同一個人的多張照片，就各個面向評分，[4]這些面向包括能力、魅力及可信度。

研究人員採用的資料集，一開始是為了進行人臉辨識而設立的，同一個人會有五到十一張大頭照，每張大頭照的差異很小。

雖然同一個人的照片都很類似，但受試者看到的是哪一張照片，會讓他們的印象產生極大落差。舉例來說，接下來的照片是兩名男子的兩張不同照片，研究人員請受試者針對各張照片中的臉進行可信度排名，哪一名男子的可信度得分較高，會取決於研究人員給受試者看的是哪一張照片。

這樣的規律反覆上演，一個人給予他人的印象，可能會因為對方看到不同張的照片而有所不同。一位魅力平均五分的人，可能因為照片不同而獲得四到六分不等；一位平均三分的人，可能視照片而得到二到四分。如果看其他特質，差異還會更大，可信度平均五・五分的人，分數落差可能在四到七分之間，端看受試者看到的是哪一張照片。

由於這些照片的差異很小，評分落差這麼大就格外令人在意。如果一個人只是因為光線和笑容有些微差異，魅力得分就可以在二到四分之間跳動，意味著變動幅度更大時（例如改變鬍子、髮型、眼鏡等），分數差異可能會更大。

**可信度**

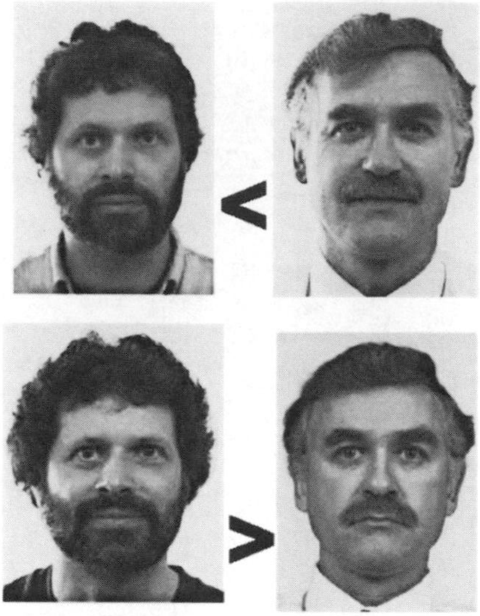

**從人臉辨識資料顧FERET取得的照片，已獲得授權使用。最初出現在以下研究中：**P. J. Phillips, Hyeonjoon Moon, S. A. Rizvi and P. J. Rauss, “The FERET evaluation methodology for face-recognition algorithms,” in *IEEE Transactions on Pattern Analysis and Machine Intelligence*, vol. 22, no. 10, pp. 1090-1104, Oct. 2000, doi: 10.1109/34.879790.

## 用數據改善你的外貌

在我讀完這些臉部科學研究後的第一個想法，就是「我可以用這些數據來改善自己的外貌嗎？」對我來說，改善外貌是一個革命性想法。就像前面提到的，我一直認為自己缺乏魅力，而且認定這是我個人不變的特質。但是托多羅夫與波特的研究指出，不同版本的臉可以帶給人截然不同的感受。我不禁想著，或許我可以為自己的臉找到某個版本，讓其他人對我留下最佳印象。

問題是，我怎麼知道這個版本的臉長什麼樣子？

好吧！我不想只仰賴直覺。數十年來的心理研究顯示，人們其實無法很精準判斷自己在別人眼裡的模樣。有太多的偏見讓我們無法看清楚自己。如果要比較誰最沒辦法看清自己外貌給別人的感受，我肯定名列前茅，我顯然需要一點外部意見。

我無意中發現一個改善外貌的方法。這個方法利用三個（非常現代）的步驟：人工智慧、快速市場調查及統計分析。我想說的是，雖然我的耳朵很開、鼻子很小、額頭又不標準，但我真的有用統計分析改善外表的能力！

## 讓你更有魅力的三步驟計畫

**步驟一（人工智慧）**：我下載了FaceApp，這是一款用人工智慧技術修改照片的手機應用程式。如果你沒聽過FaceApp，讓我來介紹一下它的運作模式。你可以上傳一張照片，然後就能更改設定，用超真實的方法調整照片。你可以調整髮型、髮色、鬍子、眼鏡與笑容。我製作超過一百張不同版本的臉。

**步驟二（快速市場調查）**：我進行一份快速的市場調查，了

**不同版本的我（人工智慧生成）**

解各張不同的臉。為此，我使用GuidedTrack和Positly這兩個程式。這是我朋友史賓賽・格林伯格（Spencer Greenberg）寫的，任何人都可以用來快速並便宜地進行調查研究。針對每一張照片，我都請人對照片裡的人看起來多有能力進行評分，分數從一到十。（你也可以用Photofeeler.com這個網站，對不同的照片評分。）

我發現他人對我不同的FaceApp照片評分顯著不同，舉例來說，有的照片拿到五・八分，是我測試的照片中分數最低的一張。有的照片則有七・八分，是我拿到的最高分。

就像托多羅夫與波特的研究結果所揭示，也與《歡樂單身派對》中點出的一樣，他人對我的看法可以天差地遠。

**步驟三（統計分析）：**

我用R統計程式語言，找出我做的不同風格決策對於他人對我的觀感會有什麼影響，梳理出其中的規律。這讓我可以了解自己哪一個面

向，對於他人對我的看法影響最大。

結果呢？我發現了什麼？

我發現戴上眼鏡，最能大幅提升自己在他人眼中的能力值。在十分級距上，我戴上眼鏡平均就可以多拿〇．八分。這件事讓我大吃一驚，我之前覺得自己戴眼鏡看起來很糟，盡可能改戴隱形眼鏡。換句話說，數據告訴我應該推翻自己的直覺，多戴眼鏡。

另一個可以大幅提升我在他人眼中能力值的是鬍鬚，蓄鬍平均可以讓我多拿到〇．三五分的能力值。我在大約三十歲前從未留過鬍鬚，過去五年間，我有時蓄鬍，有時剃除。但是數據已經很清楚，鬍鬚可以為我加分。

除了眼鏡和鬍鬚外，其他的改變影響不大。微調髮型和髮色，在統計上並不會顯著改變他人對我的看法，唯一的例外就是粉紅色頭髮，讓我在他人眼中的能力值下滑約〇．三七分，不過這大概是顯而易見的事。

我原本擔心自己在照片中應該多一點笑容，或是找到更適合的微笑方法。但是從統計上來看，笑容並不會顯著影響我的可信度。我覺得這件事很撫慰人心，以後拍照就不用擔心自己要怎麼笑了。

說到別人怎麼看我，眼鏡和鬍鬚可以帶來關鍵改變。除此之外，只要不是染一頭粉紅色頭髮，其他事情都無關緊要。

感謝人工智慧加上快速市場調查，搭配統計分析，現在覺得我也有一套適合自己的外貌，我會戴上眼鏡，並留鬍鬚，這個版本的我也許不足以在美國最高政治殿堂上和米特・羅姆尼（Mitt Romney）或歐巴馬一較高下，但是依據數據呈現的結果，這個版本的我顯然可以讓他人留下良好的第一印象。二十五歲的我絕對想不到，某個版本的我居然可以在任何與外貌相關的十分量表上，取得七・八分的成績。

所以，你可以從我這個阿宅改造經驗中學到什麼？

我也知道自己進行這個計畫有點極端，要使用試算表，還要做統計分析，但是我相信每個人都可以從不這麼極端的分析版本中獲益。

你至少可以下載 FaceApp 或其他類似的程式，檢視各種不同的外貌。如果你不想在網路上隨機抽人訪問，可以在社群媒體上或找身邊較願意說實話的朋友幫忙，挑選最適合你的長相。我深信透過這種分析方法了解自己的外表，遠比其他常用的方式（有缺陷又仰賴直覺的那種）好得多。

我們常常執著於那些僅存在自己腦海中的問題。（像是我總擔心自己的微笑。）我們當中有不少人大半輩子從未想過，自己可以藉由某種風格大幅改善外貌（就像我數十年沒有蓄鬍的人生），而我們大多無法精準評判自己的外表（就像我自認戴眼鏡看起來很糟）。

我想表達的是，研究明確指出我們的外表影響甚鉅、我們可以改善外表，以及我們非常不懂得評斷自己的外表。或者也可以這麼說，人工智慧加上快速市場調查，再加上統計分析，大勝一面鏡子。

**接下來……**

在前面幾章中，我們都把重點放在如何讓你在事業上平步青雲，如果你接受我們的建言，或許會發現自己變得更成功了。但是你可能也會發現自己就像許多成功人士一樣，變得憂愁。所幸，新的數據也可以對此給我們一些建議，告訴我們如何變得更快樂。

# 第八章

# 真正帶來幸福的活動清單：運動比耍廢更能提升幸福感

什麼事會讓人快樂？史上最偉大的幾位哲學家曾經嘗試尋找答案，卻徹底失敗，這個答案會不會終於在……我們的iPhone中獲得解答？

不，快樂的答案不是（過度）使用iPhone，這絕對會讓人更加悲慘（之後再詳談）。不過，我們或許可以利用iPhone和其他智慧型手機進行研究，從中找到快樂的答案。

馬卡龍和莫拉塔推出的「量測快樂」計畫就是一個例子，我在前言中簡略提過這項計畫，他們找來數萬名智慧型手機使用者，請他們協助探究快樂這檔事。「量測快樂」在白天會隨機挑選一個時間呼叫使用者，詢問他們幾個簡單的問題，包括他們在做什麼？心情如何？

透過這些簡單的問題，研究人員蒐集超過三百萬個快樂值，遠比過去的快樂資料集來得豐富。

好，這超過三百萬個快樂值教會我們什麼？我們從中可以知道什麼事物會帶給人快樂嗎？我很快就會回答這個問題。不過，我要先談談在「量測快樂」這類以智慧型手機為基礎的研究問世前，快樂研究的狀況。在智慧型手機普及前，快樂研究的主要都是以小型、問卷調查為主的方式進行，這些傳統研究揭露的重要發現之一，就是人類根本就不知道什麼能讓自己快樂，而且我們迫切需要「量測快樂」這類研究計畫，好提供我們一些快樂指標。

## 哪些事情才會讓我們快樂？

你覺得拿到夢幻工作就會快樂嗎？如果你偏好的候選人落選，會有多麼悲傷？被情人甩了呢？

如果你是一般人，這些問題的答案應該不脫「拿到夢幻工作超開心」、「支持的候選人落選超難過」，然後「被甩更難過」。

但是，依據丹尼爾．吉爾伯特（Daniel Gilbert）和同事針對快樂的開創性研究，你很可能三題都答錯了。

吉爾伯特的研究分成兩個部分。

第一部分，研究人員請一群人回答我剛剛問你的那些問題。舉例而言，在其中一項實驗中，研究團隊招募一群為了拿到夢幻終身教職而奮鬥的助理教授。研究人員詢問受試者，未來的快樂有多大程度取決於終身教職的審查結果。他們更進一步請受試者想像一下，兩條不同的人生途徑對快樂指數的影響：第一條路：取得終身教職；第二條路：遭到拒絕。

我在成年後，大部分的時間都和一群助理教授共度，他們除了吃跟睡，還有想辦法拿到終身教職外，幾乎沒有做其他事情，因此看到這樣的實驗結果一點也不覺得意外。那些助理教授預測，踏上第一條路會比第二條路快樂許多，他們表示拿到終身教職會讓他們過上好幾年的幸福人生。

研究團隊很高明，第二部分的研究找來不同的受試族群：同一所大學內，才剛剛經歷終身教職審查投票的人。這些人剛踏上第一群助理教授逐步接近的兩條道路，有些人成功拿下大獎（終身教職），有些沒有。

研究人員請這些人回覆自己現在有多快樂。結果呢？拿到終身教職和被拒絕的人居然沒有顯著差異性。

換句話說，在接受終身教職審查之前的受試者數據告訴我們，學者相信拿到終身教職會讓他們快樂好幾年；接受終身教職審查之後的受試者數據則顯示，終身教職並未如期提升快樂值。[1]

艾略特．弗格森（Elliot Ferguson）有過真實體會，*他最近在Quora上回覆他人的提問。提問的網友想知道，沒有拿到終身教職是什麼感覺。[2]弗格森表示，他在一九七六年未能拿到威斯康辛大學麥迪遜分校（University of Wisconsin-Madison）的心理學教授終身教職時，感到悲痛欲絕，在那之前，他一心只想取得終身教職，完全沒有準備好接受這樣的結果。但是就像多數人一樣，事實證明他韌性十足，他創業了，成為創業家暨顧問。他很享受和「學術圈外聰明、有創意又有趣的人」一起工作，也很喜歡商場那種落實事情的能力。在終身教職申請被拒絕的三十七年後，他這麼說道：「所以我要說，謝謝威斯康辛大學拒絕我的終身教職申請，對你們而言是正確的決定，對我來說也是最好的結果。」

吉爾伯特和共同作者取得的資料顯示，弗格森的故事極具代表性。沒有拿到終身教職的學者不如他們原先想像的一蹶不振，反而很快就東山再起。

---

* 姓名與故事細節已經過修改。

並不是只有試圖攀上職涯階梯的學者無法成功預期，自己面對人生大事時將會如何反應，吉爾伯特和其他研究人員利用同一套方法，測試人類是否有辦法預測自己在重大事件後的幸福指數，包括失戀、政治發展等。

人們往往預測這些事件會大幅衝擊他們的快樂程度，但是實際經歷這些事件的人卻說，這些事件對他們長期是否快樂的影響不大；換句話說，看似糟糕又無可挽回的壞事，最終往往不是那麼了不起。

為什麼我們那麼不擅長預測哪些事情會讓自己快樂？部分原因是，我們總是記不住過去曾讓我們開心或不開心的事。說到底，要預測我們記不起來的事情實在很難。我們為什麼會知道人類常常記不得過去的感受？有一項極為巧妙又讓人反胃的重要研究，提供相關證據。

## 「當下效用」與「記憶效用」反映不同的痛苦程度

那是一個奇怪的小測驗。有兩個人稱為病人A和病人B，他們都去做了大腸鏡檢查。

在過程中，研究人員每六十秒就會問他們有多痛，級距從零到十分。〔這就叫做「當下效用」(moment utility)。〕零分鐘時，研究人員詢問病人，零到十分，有多痛？一分鐘時，又詢問一樣的問題，反覆進行，直到大腸鏡檢查結束為止。

大腸鏡檢查做完以後，我們獲得兩位病人的疼痛量表，從中可以看出兩位病人做大腸鏡檢查的

**病人A的疼痛強度**

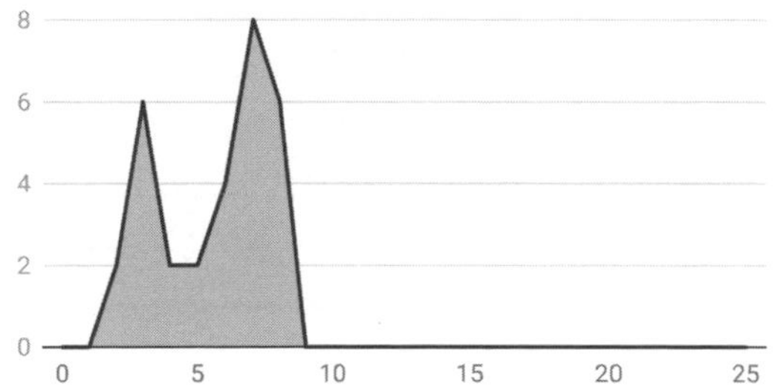


資料來源：萊德梅爾和康納曼（1996）。以Datawrapper製圖。

**病人B的疼痛強度**

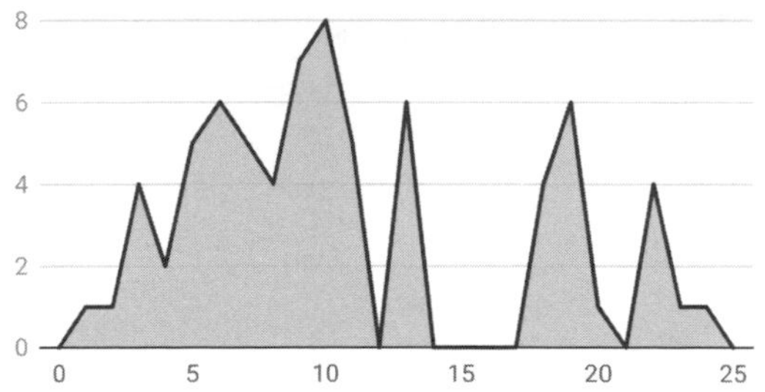


資料來源：萊德梅爾和康納曼（1996）。以Datawrapper製圖。

過程裡，每一分鐘有多痛，兩張疼痛圖表如下所示。

你可以看到病人A的疼痛指數在零到八之間擺盪約八分鐘，病人B疼痛指數則是在零到八之間擺盪超過二十分鐘。

現在，給你一個奇怪的考試題目：誰在大腸鏡檢查過程中感受到較大的痛楚？是病人A還是病人B？

看看那兩張表，想到答案了嗎？

這不是什麼腦筋急轉彎，答案顯而易見，病人B經歷的疼痛較大。在前八分鐘，病人B和病人A的痛感相去不遠，但是之後病人B又多承擔十七分鐘的痛感。不管以什麼標準來看，病人B的大腸鏡檢查過程都較痛。如果你的答案也是病人B，就在這個奇怪的考試中得到A⁺。你好棒！

為什麼我要用這個送分題考你？因為對我們來說，在看著病人一邊做大腸鏡檢查，一邊提供的真實數據情況下，要判斷哪一個人的大腸鏡檢查比較慘烈是很簡單的事，但是如果病患本人沒有看到自己的數據，其實很難回想起檢查過程有多痛苦，人們常常會忘記自己接受的大腸鏡檢查到底有多痛。

證據就在唐納德．萊德梅爾（Donald Redelmeier）和康納曼的研究中，這些圖表就是擷取自那項研究。

研究人員找來一群接受大腸鏡檢查的病人，請他們記錄檢查過程的每一分鐘有多痛，製作出更多像疼痛圖表一樣的「當下效用圖」。[3]

不過，這份論文的獨特之處其實在於學者詢問病人的另一個問題。他們在檢查結束許久後，詢問每位病人在過程中有多不舒服。病人被要求為自己的疼痛評分；此外，還要和人生中其他痛苦的經驗做比較，這樣得到的數值稱為「記憶效用」（remembered utility）。有趣的事情來了。

回到病人A和病人B的例子，前面提到病人B的當下效用圖，清楚顯示他經歷的痛楚比病人A來得多，但是檢查結束後，病人B卻覺得自己承受的痛感不如病人A；換句話說，更長時間經歷更高強度痛楚的病人在回憶時，誤以為自己承受的整體痛苦較少。

而且這種當下效用與記憶效用之間有落差的情形，不只是發生在這兩個病人身上。萊德梅爾和康納曼發現，做大腸鏡檢查的當下有多痛和記憶中的大腸鏡檢查有多痛，兩者的關係很薄弱。簡單來說，就是很多當下不覺得那麼痛的人，事後回想起來卻覺得很痛（反之亦然）。

## 認知偏誤會扭曲我們快樂與痛苦的記憶

為什麼人類往往記不起一段經歷到底多壞（或多好）？科學家發現，**人類**有許多認知偏誤都會造成干擾，造成我們無法正確地回憶一段經驗的快樂與痛苦。

其中一種會干擾我們回憶快樂程度的重大心理偏誤，就是過程時間忽視（duration neglect）。過程時間忽視是指，在我們判斷過去經驗的優劣時，會忽略這段經驗持續的時間長短。顯然在事情發生的當下，人們都希望快樂的經驗拖得久一點，痛苦的經驗可以趕快結束。例如，一個人在忍受大腸鏡檢查痛楚的當下，只會希望這個過程愈短愈好，但是事情發生後，過程時間忽視往往會讓人無法辨別時間長度不一的痛苦經驗，我們只記得那段經驗很差，卻不記得痛了多久，回憶起來，人們很難區別五分鐘的疼痛和五十分鐘的疼痛。

過程時間忽視這件事，是病人B未能記得做大腸鏡檢查特別疼痛的原因之一。病人

B的檢查會這麼不舒服，其中一個原因就是過程拖了很久。

事實上，在萊德梅爾和康納曼的研究中，幾乎看不出大腸鏡檢查時間長短和受試者記憶中大腸鏡檢查有多痛之間的關聯性。有些人的大腸鏡檢查只做了四分鐘，有些人做了超過一個小時，但做完以後，每個人都覺得很痛。

有趣的是，過程時間忽視導致藥品的效果試驗不易。如果某一種藥可以縮短疼痛的時間，例如讓偏頭痛從二十分鐘縮短到五分鐘，藥效其實非常好，但是病患可能感受不到，也不會把這樣的改善回報給醫師。過程時間忽視現象的存在，讓很多健康領域的學者建議，病患在藥物介入前後，詳實記錄症狀的時間長短，藉此確認狀況是否可能在病患沒有注意到的情況下有所改善。

還有另一種認知偏誤會蒙蔽我們，讓我們無法清楚理解過去經驗，就是「峰終法則」（peak-end rule）。我們在判斷過往經驗時，往往不是依據整段經驗總體的快樂與不快樂程度來評分，而是會給予峰值（最高或最低點）和終值（最後是高或低）特別高的比重。

回到病人A和病人B的當下效用圖，你可以看到雖然病人B的大腸鏡檢查整體而言較痛，而且拖得較久，但是後半段的檢查比前半段來得不那麼痛，讓病人B誤以為大腸鏡檢查整體來說不是很痛。

事實上，萊德梅爾和康納曼發現，要預測一個人記憶中大腸鏡檢查到底有多痛的關鍵指標之一，其實是檢查的最後三分鐘有多痛。

因為過程時間忽視、峰終法則和其他認知偏誤的存在，也難怪人們無法好好從自身經驗中學習，從而研判自己的快樂程度。

那些阻礙個人了解讓自己快樂事物的問題，同樣也是過去科學家企圖了解快樂時的障礙。科學家通常只能在一小段時間內，訪問一小群人。常見的狀況是，科學家嘗試請人回答自己做各種不同事情時有多開心，但是如同前面所說的，人們可能記不得自己當時有多快樂。

萊德梅爾和康納曼請一百五十四位受試者，在接受大腸鏡檢查當天，記錄每一分鐘的當下效用值，藉此了解他們接受大腸鏡檢查的經驗。比較理想的快樂研究應該是在很多個不同的日子，請非常多位受試者記錄當下效用值，檢視他們參與各種不同活動時的快樂程度。

人類史上多數時候對此無計可施，直到iPhone問世才出現轉變。

## 用iPhone量測快樂

幾年前，英國薩塞克斯大學（University of Sussex）經濟學資深講師馬卡龍和倫敦政經學院（London School of Economics）環境經濟學教授莫拉塔，提出一個想法：現代人到哪裡都帶著智慧型手機，研究人員或許可以藉此大幅提升當下效用圖的應用規模。他們這一次不請人用紙筆填寫問卷，闡述自己的感受，而是直接用手機應用程式聯繫受試者。

馬卡龍和莫拉塔建立名為「量測快樂」的手機應用程式，招募受試者，然後在一天內不同的時點，詢問他們一些很簡單的問題。這些問題包括：

- 你現在在做什麼？（使用者可以從四十種活動中擇一，選單無所不包，從「購物／辦雜事」、「閱讀」、「抽菸」到「烹飪／備餐」。）
- 你和誰在一起？
- 從一到一百分，你現在有多快樂？

那麼，這項計畫最後是否成功地把快樂研究帶進大數據時代？

這是當然的，經過幾年的研究，「量測快樂」團隊建立資料集，裡面包含來自超過六萬名受試者提供的三百多萬個快樂值。這其實和康納曼、萊德梅爾及其他先驅做出的當下效用圖很類似，只是規模浩大的版本。

馬卡龍、莫拉塔及共同作者進行各項引人入勝的研究，全都需要如此豐沛的資料才能執行；有些研究結合「量測快樂」的數據與外部資訊（像是天氣或環境），讓結果變得更有意思，其中幾項研究正是下一章的主軸。

不過，本章先針對「量測快樂」的基本研究做介紹。「量測快樂」初始研究彙整四十種活動的快樂值，剛剛提過「量測快樂」會詢問受試者在做什麼、有多開心。這樣的問題搭配巨量樣本數，讓馬卡龍和共同作者艾力克斯．布萊森（Alex Bryson）可以估算出，這四十種活動通常可以為人們帶來多大的快樂，繪製出我稱為「快樂活動表」（Happiness Activity Chart）的圖表。我認為任何仰賴數據的人，都應該經常觀看這張表，決定要把自己的時間拿來做什麼。

很重要的一點是（這有點技術性），馬卡龍和布萊森不只是計算每個人做各種活動的平均快樂值，而是用統計方法比較同一個人在一天內的同一時間，從事不同的活動快樂值差多少。這樣的研究方法較能說服人們，接受他們估算出來的結果是活動與快樂值之間的因果關係，而不只是兩者的相關性。

現在該來看一下這份革命性的多項活動快樂研究發現了什麼！讓我們先從帶給人們最多快樂的活動開始。準備好揭曉哪種活動帶給人們最大的快樂嗎？讓人最快樂的是……

……

（鼓聲）

……

（停頓創造一點懸疑感）

……

（再停頓創造懸疑感）

……

好啦！對，就是做愛。

在「量測快樂」上向研究人員回報自己正在做愛的人，比任何其他族群的受試者更快樂，快樂值遠遠超過排名第二的活動：看電影／舞蹈／音樂會。

乍看之下，快樂活動表的第一名是做愛，確實一點都不奇怪。做愛當然會讓人開心，物競天擇確實盡力讓做愛變成令人歡愉的活動。而且在我的腦海深處，彷彿聽見高中的酷小子說：「你們這些宅男花好幾年的時光，申請經費、設計問卷、開發應用程式，來揭露做愛讓人超級快樂，我們則是忙著，對啊！你也知道，就做愛。」一針見血。

但是當你停下來，仔細想想「量測快樂」的研究方法，就會發現做愛在資料集中如此熱門其實很驚人。還記得「量測快樂」只能蒐集在收到通知的當下，願意回答問題的受試者資料嗎？＊統計學家會表示，這裡存在選擇性偏差：在「量測快樂」資料樣本中正在做愛的受試者，都是那些願意停下來回答問題的人。

一般來說，正在享受魚水之歡的人會心跳加速、極度興奮、搖晃家具、震動地板、叫聲連連、吵翻鄰居，理應會忽略「量測快樂」傳來細微的通知聲，這樣的假設應該很合理，但是「量測快樂」抽樣的這群正在做愛的人，卻是一群做愛過程平淡到願意暫停，拿起手機，回答一系列問卷問題的人。就算是這一群（對做愛這檔事最冷感的人），也比正在從事其他活動的人更快樂，糟糕的性愛還真是比任何其他人類想得到的活動更強。

因此，從快樂資料科學中學到的第一個啟示就是：**多做愛，各位！**即使你邊做還邊看手機也一樣，多做就對了。

從數據中學到這個啟示後，我就很高興地告訴女友，我們應該把這個研究結果分享給好友知道，好友的女友一直抱怨最近男方都不想做愛，常常宣稱自己太累或需要工作。但是我對女友說，好友如果看到這些數據，可能就不會再找一堆藉口，而是會好好滿足另一半。女友看著我，皺眉說道：「我們應該要把這個結果給**你**看。」關於本人的性生活（或是無法滿足女性這件事），本書就講到這裡。

好啦！好啦！我再多爆幾個無法滿足女性的料。有天晚上，女友提起那項研究的結果。我們做愛。幾分鐘後，她就停下來回答「量測快樂」的問卷。

好啦！做愛的事講夠了。我們還從「量測快樂」學到什麼？

---

* 這裡是讓大家輕鬆一下，故意誇飾的搞笑。「量測快樂」其實會讓使用者在收到通知後一個小時內回覆，並說明自己收到通知的當下在做什麼，以及那時候多快樂。

## 讓人快樂的活動清單

以下是其他關於各項活動帶給人多少快樂的結果，全都取自布萊森和馬卡龍對「量測快樂」數據的分析，之後我們會討論這些研究結果的延伸意涵。

很好，那麼你要怎麼使用這張清單呢？

如果你跟我一樣宅（其實很怕沒人跟我一樣宅），可能會想拍下這清單，上傳到 collage.com 或其他類似服務平台，再訂購一個印有這張快樂活動表的 iPhone 外殼。

這樣一來，每當我不知道要不要做某件事時，就可以翻過手機來看一下，找找我從特定活動中可以得到多少快樂值，然後依據數據判斷要不要做這件事。

快樂活動表

| 活動排名 | 活動 | 相較於不做這件事情的快樂值增幅 |
| --- | --- | --- |
| 1. | 親熱／做愛 | 14.2 |
| 2. | 看電影／舞蹈／音樂會 | 9.29 |
| 3. | 逛展覽／博物館／圖書館 | 8.77 |
| 4. | 運動／跑步／健身 | 8.12 |
| 5. | 園藝 | 7.83 |

**快樂活動表**

| 活動排名 | 活動 | 相較於不做這件事情的快樂值增幅 |
|---|---|---|
| 6. | 唱歌／表演 | 6.95 |
| 7. | 談話／聊天／社交 | 6.38 |
| 8. | 賞鳥／賞風景 | 6.28 |
| 9. | 健行／登山 | 6.18 |
| 10. | 打獵／捕魚 | 5.82 |
| 11. | 喝酒 | 5.73 |
| 12. | 休閒嗜好／美術／手工藝 | 5.53 |
| 13. | 冥想／宗教活動 | 4.95 |
| 14. | 運動競賽／運動賽事 | 4.39 |
| 15. | 育兒／陪小孩玩 | 4.1 |
| 16. | 照顧寵物／和寵物玩 | 3.63 |
| 17. | 聽音樂 | 3.56 |
| 18. | 其他遊戲／猜謎遊戲 | 3.07 |
| 19. | 購物／辦雜事 | 2.74 |
| 20. | 賭博／博弈 | 2.62 |
| 21. | 看電視／電影 | 2.55 |
| 22. | 電玩／ iPhone手遊 | 2.39 |
| 23. | 吃飯／吃點心 | 2.38 |

**快樂活動表**

| 活動排名 | 活動 | 相較於不做這件事情的快樂值增幅 |
|---|---|---|
| 24. | 烹飪／備餐 | 2.14 |
| 25. | 喝茶／咖啡 | 1.83 |
| 26. | 閱讀 | 1.47 |
| 27. | 聽演講／播客 | 1.41 |
| 28. | 盥洗／著裝／梳理 | 1.18 |
| 29. | 睡覺／休息／放鬆 | 1.08 |
| 30. | 抽菸 | 0.69 |
| 31. | 上網 | 0.59 |
| 32. | 簡訊／電子郵件／社群媒體 | 0.56 |
| 33. | 家事／家務／ DIY | −0.65 |
| 34. | 旅行／通勤 | −1.47 |
| 35. | 會議／研討會／上課 | −1.5 |
| 36. | 行政庶務／財務／組織 | −2.45 |
| 37. | 等待／排隊 | −3.51 |
| 38. | 照顧或協助成年人 | −4.3 |
| 39. | 工作／讀書 | −5.43 |
| 40. | 臥病在床 | −20.4 |

資料來源：布萊森和馬卡龍（2017）。

回到這張表格和數據的詮釋方法，各種活動快樂值的結果，有些不用講也知道，你大概不需要科學家對你說，高潮比流感更讓人開心。

但有些發現可能在「量測快樂」計畫執行之前，並不是這麼清晰可見。看到這張表格前，你知道看電視帶給人的快樂遠遠不及園藝嗎？你知道休息／放鬆遠遠不如賞鳥快樂嗎？你知道比起美術和手工藝，烹飪帶來的快樂值通常較低嗎？事實上，多數人都不知道。

| | 動表 | 相較於不做這件事情的快樂值增幅 |
|---|---|---|
| 1. | 親密／做愛 | 14.2 |
| 2. | 看電影／舞蹈／音樂會 | 9.29 |
| 3. | 逛展覽／博物館／圖書館 | 8.77 |
| 4. | 運動／跑步／健身 | 8.12 |
| 5. | 園藝 | 7.83 |
| 6. | 唱歌／表演 | 6.95 |
| 7. | 談話／聊天／社交 | 6.38 |
| 8. | 賞鳥／賞風景 | 6.28 |
| 9. | 健行／登山 | 6.18 |
| 10. | 打獵／捕魚 | 5.82 |
| 11. | 喝酒 | 5.73 |
| 12. | 休閒嗜好／美術／手工藝 | 5.53 |
| 13. | 冥想／宗教活動 | 4.95 |
| 14. | 運動競賽／運動賽事 | 4.39 |
| 15. | 育兒／陪小孩玩 | 4.1 |
| 16. | 照顧寵物／和寵物玩 | 3.63 |
| 17. | 聽音樂 | 3.56 |
| 18. | 其他遊戲／猜謎遊戲 | 3.07 |
| 19. | 購物／辦雜事 | 2.74 |
| 20. | 賭博／博弈 | 2.62 |
| 21. | 看電視／電影 | 2.55 |

## 被低估與被高估的快樂活動

另一位社會科學家暨 clearerthinking.org 創辦人格林伯格和我一樣，都很好奇人們是否有辦法精準猜到「快樂活動表」中的活動快樂值排序。我們抽樣詢問幾個人，請他們猜大家做馬卡龍和布萊森研究的那些活動，平均來說有多開心。

我們這項研究的動機是什麼呢？我們的想法是，如果人們會系統性地高估某種活動帶來的快樂，可能就要反省自己參與該活動的頻率。如果大家都認為某種活動創造的快樂勝過實際情況，你或許也會受制於相同的偏見，應該再考慮一下是否要投入那種活動。反過來說，如果人們系統性地低估某種活動的快樂值，你就應該更積極投入那種活動；換句話說，智慧生活的技巧就是做那些快樂值經常被低估的活動。

結果如何？大家有辦法預測不同活動帶來的快樂值嗎？

持平來說，受試者大部分都猜對了。剛剛也講過，「快樂活動表」並沒有那麼令人震驚。受試者正確判斷做愛與社交是最能提升快樂值的幾項活動，而臥病在床和工作則墊底。

但是有些活動的快樂值，多數人都誤判了，以下是幾個遭到嚴重誤判的活動：

## 被低估的活動：以下活動帶給我們的快樂超乎預期*

- 逛展覽／博物館／圖書館
- 運動／跑步／健身

- 喝酒
- 園藝
- 購物／辦雜事

**被高估的活動：以下活動帶給我們的快樂不如預期**

- 睡覺／休息／放鬆
- 電玩／iPhone手遊
- 看電視／電影
- 吃飯／吃點心
- 上網

所以，我們可以從這兩個清單學到什麼？「喝酒」因為有成癮性，顯然是一條比較複

＊完整結果參見書末附錄。

雜的快樂之路；下一章會更深入探討酒精和快樂的關聯性。

但是人類有一個系統性偏誤，會高估許多被動式活動帶來的快樂效果。想想那張「被高估的活動」清單，睡覺、放鬆、玩遊戲、看電視、吃點心、上網，這些都算不上是需要消耗太多精力的活動。

我們的腦袋似乎會害自己誤以為，這類被動式活動帶給我們超乎預期的快樂。你可以模仿我和格林伯格，詢問其他人進行這些被動式活動時有多開心，再依循「量測快樂」的方法詢問其他人，進行這些被動式活動時有開心。兩個結果會有落差：部分活動實際創造的快樂值，會低於受訪者推測的快樂值。

另一方面，很多被列在「被低估的活動」清單上的活動開始進行時，都需要耗費一些精力，逛博物館、運動、健身、購物、園藝都需要你離開沙發，但是它們有些能帶給我們超乎預期的快樂。

事實上，這份我和格林伯格一起做的研究，迫使我做了一件真的很不想做的事：反對拉里·大衛 (Larry David)。

## 看似耗費精力的活動反而讓你更快樂

有一次我看到喜劇演員大衛的YouTube影片，他幽默地闡述一種我完全可以感同身受的心情（你或許也可以），就是「計畫取消總令人愉悅」。大衛這麼說：「如果某人取消和我原有的約定，真是可喜可賀……。你不用編藉口了。完全沒差！就說你要取消就好。我會『超爽』，我要留在家。我要看電視。感謝你！」

沒錯，我真的是大衛的鐵粉。有些人此生的座右銘是：「耶穌會怎麼做？」我的座右銘則是：「大衛會怎麼做？」所以，我真的是大衛的鐵粉。但本書的中心論點就是，如果沒有數據輔助，即使是世界上最聰明的腦袋也會判斷錯誤。即便像大衛這樣聰明又幽默的人也不例外，我們不能相信任何人的直覺，即使是大衛的。大衛看起來落入和我們多數人相同的陷阱：誇大了無所事事的價值。

「量測快樂」的數據清楚顯示，許多被動式活動（如看電視）無法帶來那麼大的快樂，快樂值不如大家預期。

提升一個人快樂程度的最佳做法之一，就是不要相信直覺而迴避看似需要耗費大量精力的活動。如果想到要做某件事，會讓你感到遲疑，很可能是你應該要做這件事而不是迴避的徵兆。之前別人取消計畫，不和我一起去看表演、吃晚餐、參加派對或跑步，我原本會說：「大衛會怎麼做？」然後感謝命運讓我可以不用出席，一個人開心上網。但是現在我會說：「量測快樂數據會怎麼說？」然後看看我的iPhone手機殼，試圖抗拒想要癱在沙發上、被動瀏覽多媒體的直覺。「量測快樂」的數據告訴我們，離開沙發可以創造極高價值(而且創造的價值超出我們所想)，當然唯一例外是你打算在沙發上做愛。

## 通往快樂的途徑：放下這本書？

「快樂活動表」只是馬卡龍、莫拉塔及其他研究人員，利用「量測快樂」數據做出來的前期研究，讓我們更了解快樂。在此之外，你是否想過：

- 身為運動迷對你的快樂指數有什麼影響？
- 有形物質對你的快樂指數有什麼影響？

- 自然對你的快樂指數有什麼影響？
- 天氣對你的快樂指數有什麼影響？

「量測快樂」計畫為我們帶來前所未有的機會，一窺上述所有問題的解答。因此，我要再多花一章（也是本書最後一章），多介紹一些「量測快樂」與其他類似的現代快樂研究帶來的啟示。

但是在繼續談論之前，我必須先提出警告。你可能已經發現，「閱讀」在「快樂活動表」上的排名相對低。事實上，這是另一個格林伯格和我的研究發現的，快樂值遭到高估的活動之一。

本書應該依據數據提供你人生忠告，即使可能和作者產生利益衝突也不例外。剩下最後一章，我很希望你可以讀完，但是我不能說謊。數據顯示，如果你闔上這本書，打電話給朋友，快樂值提升的幅度應該會超出你的預期；換句話說，數據告訴我們，如果你停止閱讀我的書應該會比預期更開心。

當你打電話給朋友時，或許不該推薦他們看這本教你用數據提升人生決策品質的書，而是要勸他們從事園藝活動。

話雖如此，但是如果你想放棄靠著打電話給朋友，提升六．三八分快樂值的機會，繼續閱讀，獲取一．四七分的快樂值，就可以多了解一些往往能讓人類更快樂的事物。如果你明知道閱讀本書，會害朋友損失六．三六分的快樂值，還是推薦他們閱讀而不要從事園藝活動，至少我不會覺得你是損友。

**接下來……**

現代快樂資料集可以告訴我們的事，遠遠超過各種活動的平均快樂值。接下來，我們要更仔細探究哪些事會帶給人幸福或不幸。

第九章

# 減少人生痛苦指數的指南：在家工作、別看臉書、別睡太久！

「一切都很精彩，但誰都不快樂。」

這句名言最早應該可以追溯到二〇一二年定錨樂團（The Anchors）的歌曲名稱，後來《康納秀》（*Conan*）主持人（現在已經跌落神壇的）喜劇明星康納・奧布萊恩（Conan O'Brien）進一步推廣，又被亞當・弗蘭克（Adam Frank）拿來當成在美國國家公共廣播電台（National Public Radio, NPR）撰文的標題，之後成為熱門的T恤名言文字，各種尺寸都買得到。

### 數據怎麼說？

好吧！這句名言顯然就字面上來看並不正確，並沒有**一切**都很精彩這回事，每個人一生中都會遇上各種煩惱，不少人還會碰上巨大的磨難。傑出的部落客暨精神科醫師史考特・亞歷山大（Scott Alexander）寫過一篇令人沮喪、發人深省的部落格文章，點出現代人生中一個仍舊不怎麼精彩的部分：美國人遭遇嚴重問題的比例意外地高，那些慘痛遭遇包括心靈創傷，還有一些重大財務與法律困難。

亞歷山大非常訝異，在自己的病患中，居然有這麼多人的狀況糟糕透頂。像是有一位七十歲的患者完全沒有朋友，存款快要見底，身體也日益衰弱。亞歷山大不禁懷疑，像這種客觀狀況差的人到底有多普遍。

當然，亞歷山大也知道，像他這種精神科醫師對人類的觀點總是存在偏誤，只有那些遭逢重大問題的人才會尋求精神科醫師協助，如果沒有遇到什麼大事，根本不會找精神科醫師。出現在精神科醫師辦公室的人，平均來說應該比普羅大眾過得更糟。

但是亞歷山大指出，在我們這些不是精神科醫師的人中，其實有很多對人的看法也是扭曲的，只是是相反方向的偏誤。面臨重大問題的人往往不太與人交流，有些甚至足不出戶。在你的社交圈內，一般人的處境應該優於平均值。這麼說起來，美國到底有多少人面臨嚴峻問題？

亞歷山大仔細考據資料後，發現不管在任何一個時間點，大約都有二〇%的美國人受慢性疼痛所苦；一〇%的人背負性虐待造成的創傷；七%的人陷入憂鬱；七%的人酗酒；二%的人認知失能；還有一%的人身陷囹圄。亞歷山大進行一些分析後指出，無論在任何一個時間點，大概都有一半的美國人可能遭遇重大困難。亞歷山大的結論是：「這個世界幾乎百分之百比我們多數人願意承認的還要糟糕。」

我也依據自己的專業（蒐集資料）做了分析，證實亞歷山大的觀點，確實有很多人都正背負著沉重的事。我分析美國線上（AOL）公布的資料集，從中可以看出匿名個人使用者在某段期間內的搜尋字串。我檢視那些搜尋「自殺」的人的搜尋字串，內容令人心痛，而且深切地提醒我們，許多人正在苦苦掙扎，而這些掙扎又往往不為我們所見。*

看看表格中的搜尋字串，這位年長者快沒錢了、被掃地出門，因為孤獨而悲痛，又找不到工作。

數據也揭露，有些人懷抱著某個問題，或許從未對人提起，卻可能讓他們的人生難以承受到想要結束生命。下一張表格同樣令人心碎的搜尋字串，出自一位持續忍受慢性疼痛的人。

我無法靠著這些搜尋字串提出太多自救建議，頂多是附和以下這個重要的人生忠告：「你永遠不知道某個人正在經歷什麼，請與人為善。」如果另一個人做了某件讓你暴怒的事，不妨看看其中一組搜尋字串，然後想像那個人回家之後也會搜尋這類文字，或許你就會從憤怒轉為憐憫。

* 這些搜尋字串也喚醒我不好的回憶，我的人生整整有十年流失在重度憂鬱（偶有自殺念頭）之中。

| 搜尋字串 | 日期，時間 |
|---|---|
| 尋找可租房源 | 3月2日，14:27:12 |
| 我需要一份工作 | 3月2日，15:02:10 |
| 年長者 | 3月2日，23:26:45 |
| www.plentyoffish.com | 3月3日，11:18:33 |
| 我需要一份工作 | 3月3日，17:32:00 |
| 結婚 | 3月3日，17:32:31 |
| 憂鬱症 | 3月3日，17:33:39 |
| 60歲了還值得繼續活著嗎 | 3月4日，16:43:55 |
| 我被房東趕出來了 | 3月4日，16:57:49 |
| 需要便宜的公寓 | 3月4日，17:00:44 |
| 最便宜的住所 | 3月4日，17:06:32 |
| www.nyclottery.gov | 3月5日，16:11:19 |
| 貧困老人 | 3月6日，15:49:04 |
| www.plentyoffish.com | 3月6日，20:50:39 |
| www.plentyoffish.com | 3月6日，20:51:02 |
| www.plentyoffish.com | 3月7日，10:10:53 |
| www.plentyoffish.com | 3月7日，10:11:03 |
| christianmingle | 3月7日，10:14:00 |
| 自殺 | 3月7日，10:20:36 |
| 藥物 | 3月7日，10:26:27 |
| 怎麼自殺 | 3月7日，10:34:34 |

譯注：Plenty of Fish和Christian Mingle都是交友網站。

我必須一再提醒自己，很多人的人生一點也不精彩，而且還很痛苦，很多人都背負重擔。

此外，「**誰**都不快樂」這句話就字面上來看當然不是真的。事實上，依據美國社會概況調查（General Social Survey, GSS），現在有三一%的美國人自評「非常快樂」。

## 追求快樂遇到的挑戰

不過，即便「一切都很精彩，但誰都不快樂」不完全是事實，

| 搜尋字串 | 日期，時間 |
|---|---|
| 我無法忍受頸部和背部疼痛 | 4月21日，23:40:05 |
| 一個人怎麼忍受一輩子的背痛 | 4月21日，23:51:45 |
| 我覺得自己有纖維肌痛症，因此很憂鬱 | 5月8日，0:58:43 |
| 請幫幫我——我得了纖維肌痛症 | 5月11日，1:04:03 |
| 纖維肌痛症還有救嗎 | 5月15日，0:57:50 |
| 自殺與纖維肌痛症 | 5月15日，0:47:48 |
| 關節炎和顳顎關節疾病讓我痛到爆 | 5月18日，13:30:21 |
| 脖子底部和背部上方痛 | 5月19日，22:24:21 |
| 協助解決關節炎與纖維肌痛症引起的疼痛 | 5月19日，0:26:51 |
| 背和脖子痛 | 5月20日，11:17:58 |
| 因為頸痛、背痛和顳顎關節疾病很悲慘 | 5月20日，0:18:02 |
| 自殺 | 5月23日，12:13:05 |

大方向還是正確的。即使不是每個人的人生都多采多姿，從許多標準來看，我們的人生確實漸入佳境，只是整體而言，客觀處境日益提升的人數愈來愈多，並沒有讓我們變得更快樂。

先來看看人生精彩度的資料。

過去五十年來，美國人均國內生產毛額（GDP）即使在經過通膨調整後，依然翻漲一倍，超棒！

更有甚者，國內生產毛額只計入人們購買產品與服務的價值。但是數位經濟其實還為我們提供許多免費的東西，這些都不會被列入國內生產毛額。一項近期的研究推算出部分數位經濟服務提供的價值，研究人員請受試者回答要給他們多少錢，才願意放棄使用

**一切都很精彩：美國實質國內生產毛額，1972年至2018年**

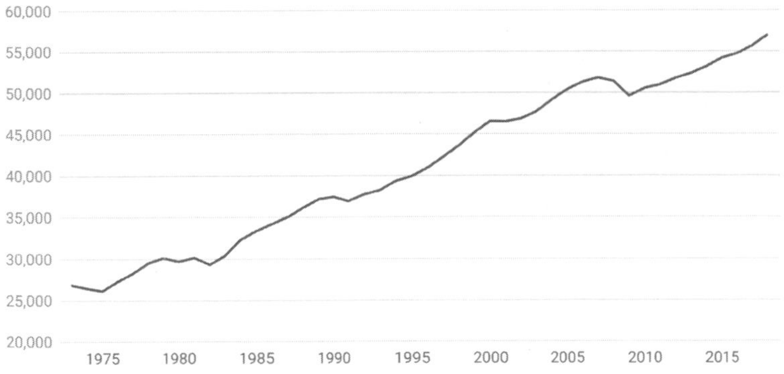


資料來源：美國經濟分析局（U.S. Bureau of Economic Analysis）。以Datawrapper製圖。

這些服務，藉此估算搜尋引擎每年平均為美國人帶來一萬七千五百三十美元的價值、電子郵件價值八千四百一十四美元、數位地圖為三千六百四十八美元，以及社群媒體則是三百二十二美元。[1]我們使用這些服務時，一毛錢都沒付，超棒！

接下來，看到快樂數據。同一段期間，受試者自述的快樂程度並未提升，至少在美國是如此。一九七二年，美國社會概況調查首度蒐集數據，當時人均國內生產毛額不到現在的一半，Google、Google地圖或Gmail都尚未問世。有三成的美國人表示自己「非常快樂」，和現在的比例相去不遠。[2]

這麼說來，難道世界變得愈來愈精彩，人

**人們沒有變得更快樂：**
**美國人表示自己「非常快樂」的百分比，1972年至2018年**

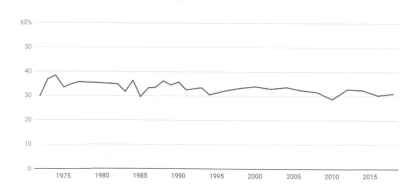

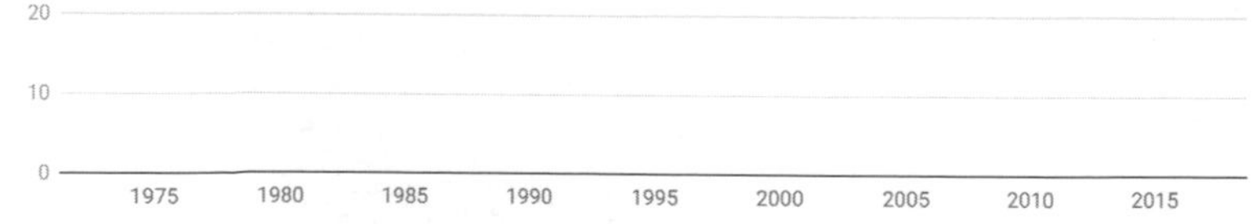


資料來源：美國社會概況調查。以Datawrapper製圖。

們卻沒有明顯變得更快樂，為什麼？

其中一個即使我們變得有錢也不會變快樂的原因在於，金錢對快樂的影響非常小。馬修・基林斯沃思（Matthew Killingsworth）是trackyourhappiness.org主持人，這項計畫就像「量測快樂」一樣，會發送通知給iPhone使用者，並請他們回報自己的快樂值。基林斯沃思針對個人收入和快樂的關係，進行史上最大規模的研究，總計研究約一百七十萬個資料點。他發現，收入確實會讓人更快樂，但是增幅不大，對高收入者的影響還特別小。[3]收入翻倍可望讓你的快樂程度提高約十分之一個標準差，這實在算不上很多。

另一個人類在追求快樂的過程中會遇到的挑戰是，我們的腦袋不怎麼靈光。我的一位朋友曾說，如果人腦是作業系統，一定會被使用者抱怨程式錯誤太多而退貨。我們的腦袋有一個超大的缺陷會限制自己的快樂程度，就是我們無法專注在當下。

基林斯沃思在另一項研究中證明這件事，這一次他和吉爾伯特合作。兩位學者除了詢問trackyourhappiness.org的使用者現在在做什麼、是否開心，還進一步詢問：「除了手邊正在做的事情以外，你還有在想其他事情嗎？」（他們也會詢問受試者：現在想的這件事情是快樂、不確定或不快樂的事。）

結果發現，一個人有四六．九%的時間並未專注在手邊工作。研究人員也發現，當一個人心有旁騖時，顯然較不開心。＊令人震驚的是，即使這個人的思緒是飄移到快樂的事，相較於專注手邊的工作時，他們回報的快樂值還是略低一些；如果分心想一些不確定或不開心的事，就會發愁。

作者群在研究的結論中提到：「人腦就是漫遊的腦袋，而漫遊的腦袋就是不快樂的腦袋。」思想漫遊帶來的危險，或許就是冥想確實有助於提升快樂程度的部分原因。科學家已經在許多研究中發現，冥想確實可以提高快樂程度。[4]

即使我們身處愈來愈精彩的世界，要得到快樂卻這麼困難，有很大一部分的問題就是來自這個程式錯誤太多的作業系統——我們的大腦。但現代人無法快樂還有其他原因，其中許多原因都已被「量測快樂」計畫揭露。簡單來說，人們花費很多時間在那些不太可能讓他們快樂的情境裡。

二〇〇三年開始，美國勞工統計局進行美國人時間使用調查（American Time Use Survey），抽樣詢問美國人每天把時間花在哪些事。

我比較美國人時間使用調查的結果，和上一章提過的「量測快樂」計畫的快樂活動表，然後把那些活動分成三大類：帶來最大快樂（從做愛、冥想到宗教活動）；帶來中等快樂（從陪小孩玩到聽播客）；帶來最少快樂（從盥洗、梳理到臥病在床）。

我發現美國人平均每天只花費約兩小時從事最快樂的活動；相反地，他們每天花費約十六．七小時做最不快樂的活動。坦白說，這確實有部分是因為睡覺被列為最不快樂的活動，而美國人每天的睡眠時間約八．八小時。但就算撇開睡覺不提，美國人清醒時還是有大約一半的時間，都在做一些帶來最少快樂的活動，主要是工作、家務、通勤和梳理。

此外，美國人看起來也沒有因為財富增加，而多花一點時間從事較有可能讓他們快樂的事。二〇〇三年到二〇一九年間，實質人均收入提高超過二〇%，矽谷又催生超多棒極了的免費產品，但是我發現，美國人反而花費更少時間在讓他們最開心的活動上。主因就是花費在「談話／聊天／社交」的時間從〇．九三小時下降到〇．七七小時，還有花費在「冥想／宗教活動」和「園藝」上的時間也略微下滑。我們未能把財富轉換成花費

＊　有趣的是，做愛是唯一一個分心想其他事情的人占比不到三成的活動，或許這是讓做愛成為最能帶給人快樂活動的其中一個原因。

在快樂活動上的時間，指向現代生活的一個更大問題，利用「量測快樂」數據和其他類似數據來源所做的進一步研究，都揭露出這個問題。簡單來說，現代生活在我們面前設下許多陷阱，阻擋我們走向快樂人生，如果你可以避開這些陷阱，就會大幅提高獲得幸福人生的機率。

## 工作痛苦的解決方針

工作爛透了。[5]

這或許是快樂活動表中最驚人的一件事——工作高居令人沮喪的活動第二名，只比臥病在床來得好。周遭的人通常都不會這麼說，當你在雞尾酒派對、社交場合、社群媒體詢問其他人工作如何時，有些人會做出一些宣言，像是「我為工作而活」、「我熱愛我的工作」，或至少會說「我喜歡我的工作」。

**每天平均花費小時數**

| | 最不快樂的活動（如工作／家務） | 中等快樂的活動（如吃飯／育兒） | 最快樂的活動（如社交／看電影） |
|---|---|---|---|
| 2003 | 16.71 | 5.22 | 2.07 |
| 2019 | 16.72 | 5.42 | 1.86 |

但是在受試者工作的當下，「量測快樂」詢問他們有多享受人生時，這時候沒有別人會看見受試者的回答，便揭露出人們對工作較晦暗的觀感。依據受試者的回覆，平均來說，工作比處理生活大小雜事、照顧老人或排隊都更讓人不快樂。這意味著很多人說自己喜歡或熱愛工作時，可能都是在自欺欺人。

這麼多人在工作時都覺得自己很悲慘，其實滿令人感傷的。你想想，大部分的成年人清醒時，絕大部分的時間都在工作。如果這些人大部分在工作的時候、大多數的時間都覺得很難過，就意味著大部分成年人清醒的時間裡，有很長一段時間都超級不開心。

從快樂活動表的結果，可以看出許多問題的明確解方，但是工作不快樂這件事卻沒有直接的解決辦法。

**問題**：快樂活動表顯示通勤讓人不快樂。
**解方**：住得離公司近一點。
**問題**：快樂活動表顯示抽菸讓人不快樂。
**解方**：戒菸。

但是大部分的成年人不能辭職，他們需要花好幾個小時上班才能讓自己和家人衣食無憂。這是否意味著成年人的生活注定這麼糟，每週只有幾個小時可以從事人們享受的活動？

這倒未必。沒錯，工作這個成年生活中的主要活動往往令人不悅，「量測快樂」已經揭露這個事實，但是有些方法可以讓工作不要令人如此沮喪，甚至能夠帶來歡樂。

相較於他人而言，確實有些人不覺得工作那麼痛苦，這些人較能忍受工作，甚至偶爾會覺得工作很有意思。這件事情該如何解釋？你又該如何像他們一樣？

「量測快樂」計畫共同主持人馬卡龍研究，人在工作時還做了什麼事，以及為什麼有些人享受工作的程度至少略高於平均。在這個計畫中，馬卡龍和好友布萊森合作。以提振快樂程度來說，兩人的合作真是明智的決定。這一點等一下再詳述！

馬卡龍和布萊森發現，第一個可以讓工作不那麼痛苦的事情就是：聽音樂。人們在工作時，大約有五．六%的時間會一邊聽音樂，而那些一邊聽音樂，一邊工作的人當下回覆的快樂值提高三．九四分，讓他們工作時的總體快樂分數達到負二．六六分。如果你發現自己的工作讓大腦麻木，不妨試著聽一些旋律，看看能不能找回一些感覺。

第二個可以讓工作不那麼痛苦的事是：在家上班。馬卡龍和布萊森發現，在家工作的人平均而言快樂值高出三．五九分。但是即使如此，在家工作又同時聽音樂的人通常還是很不開心。

「量測快樂」的數據顯示，世界上存在唯一一個真正讓工作較能忍受，甚至會讓人開心的事。這是從數據來看，第三也是最重要的一個讓工作不那麼痛苦的做法。那些和他們認定是朋友的人一起工作的人，工作時遠比其他人開心。和朋友在一起可以大幅提升快樂值，高到可能讓工作變成快樂的經驗。只要有朋友的一點幫忙，就可以把日復一日無聊的苦工，變成日復一日快樂的苦工。*

我依據馬卡龍和布萊森的數據做估算，發現平均而言，人們和朋友一起工作時，快樂程度與獨自放鬆差不多。前一章提過，放鬆帶來的快樂其實不如大家所想的那麼多，但還是比勞工工作時的愁雲慘霧來得好。

---

* 這部分有點技術性。在馬卡龍和布萊森的研究中，和朋友一起工作對快樂值的提振程度，包含和朋友一起帶來的一般影響，以及和朋友一起同時工作的互動性影響。和朋友一起工作造成的快樂值增幅，完全來自有朋友作伴對快樂程度的平均影響；也就是說，不管在什麼情況下，朋友都有助於提升快樂值，即使在工作上也不例外，我在下一節會進一步說明。

平均而言，在家工作、聽音樂、和朋友一起（或許是透過Zoom，也或許是因為朋友為了工作來訪）的快樂程度，會與運動差不多。你應該還記得，運動是最讓人開心的活動之一。

## 讓薛西弗斯快樂起來的祕訣

阿爾貝・卡繆（Albert Camus）曾寫過一段關於希臘神話——薛西弗斯（Sisyphus）的著名段落。薛西弗斯遭到眾神懲罰，必須反覆將巨石推上斜坡。薛西弗斯每次到達山頂，巨石就會滾下，迫使他重新再推一次。卡繆認為這就是現代勞工的隱喻，職涯自始至終都得反覆做著毫無意義的工作。薛西弗斯必須推巨石，就像敦德米福林（Dunder-Mifflin）的員工要寫便條一樣。*

這看起來是現代生活的暗黑預言，但卡繆在文末留下一

**勞工的憂愁（或淡淡的哀愁）**

| | |
|---|---|
| 工作（基本狀況） | −5.43 |
| 在家工作 | +3.59 |
| 一邊工作，一邊聽音樂 | +3.94 |
| 和朋友一起工作 | +6.25 |

資料來源：作者依據布萊森與馬卡龍（2017）的數據自行估算。

個轉折，他寫道：「一切都好。」那篇文章的最後幾個字是：「我們必須想像薛西弗斯很快樂。」驚人的一個段落就把悲觀、粗暴的文章變成樂觀的故事。

卡繆如同其他知名哲學家一樣，在沒有合適的量測工具之前就高談闊論。現代數據告訴我們，他說的話很高明，卻錯得徹底，現代勞工一點都不好，如果我們想像他們很快樂，那就是我們錯了。實際上，如果我們希望想像可以與現實相稱，就必須設想我們之中的薛西弗斯正在經歷五．四三分的哀愁。

如果當代哲學家想要寫一篇寓言故事，而且一定程度植基在現實之上，或許可以試著撰寫《薛西弗斯與薛西法斯的神話》（*The Myth of Sisyphus and Sisyphas*）。主角是一對好友——薛西弗斯與薛西法斯，他們被懲罰要一起反覆把巨石推上山坡。

有時候，他們聯手推；有時候，輪流推；有時候，則會出現一些比他們有權力的白痴，教他們怎麼推會比較好，讓他們一起翻白眼、嘲笑那個白痴。有時候，他們一同小憩，討論戀情、最喜歡的電視節目，或夢幻美足球球員名單，一切都很好。依據人類發

* 譯注：敦德米福林是美劇《辦公室》（*The Office*）中的虛構公司，記錄職員的辦公室生活。

明史上最能有效衡量每一刻快樂值的工具量測結果，薛西弗斯與薛西法斯真的很快樂。

或者讓我們這樣為工作數據作結：請特別留意你和誰一起工作。如果和朋友一起工作，工作讓人愉悅的可能性就會高出許多。*

## 獨處與有伴哪個比較快樂？

不只是工作，從許多面向來看，人生快樂與否有很大程度取決於朋友。事實上，朋友讓人更快樂這件事，在工作人口中不是什麼太特別的事。馬卡龍在另一項研究中，再次聰明地和朋友合作，這一次他和莫拉塔一起檢視有人相伴對快樂程度的影響。

在這項研究中，研究人員觀察同一位受試者在一天中、同一時間、進行同一項活動時，比較獨自一人或身邊有其他人的狀況。如果身邊有其他人，研究人員就會進一步比較身邊是不同類型的人（如情人、朋友、家人等）的差異。

結果呢？讓我們最快樂的是那些自己選擇的對象：情人和朋友。相較於獨自一人，和情人或朋友在一起時，人們的快樂值平均會提高四分。

然而，其他人通常不會讓我們變快樂。平均來說，如果是和情人或朋友以外的人在一起，快樂值只會稍微提高，甚至一個人還比較快樂。

常有人說，誰都需要其他人才能挺過去；也常聽人說，人天生就是社會動物。而且很顯然地，我們和其他人在一起時**可以**更快樂。但是，馬卡龍與莫拉塔的研究

**快樂人員表**

| 結伴對象 | 和他們在一起相較於獨自一人的快樂值增幅 |
|---|---|
| 情人 | 4.51 |
| 朋友 | 4.38 |
| 其他家人 | 0.75 |
| 客戶或顧客 | 0.43 |
| 孩子 | 0.27 |
| 同事或同學 | −0.29 |
| 其他認識的人 | −0.83 |

資料來源：馬卡龍與莫拉塔（2013）。

* 另一個數據教會我們與工作相關的人生技巧，就是要辭去爛工作。《蘋果橘子經濟學》（*Freakonomics*）共同作者史蒂芬．李維特（Steven Levitt）在一項極為聰明的研究中，請正面臨是否辭職這項重大決定的人用丟擲銅板的方式決定。意外地，有很多人願意接受丟擲銅板的建議。幾個月後，李維特發現依循丟擲銅板結果辭去工作的人，自述的快樂程度遠比那些依循丟擲銅板的結果留在現職的人來得高。

卻顯示，和他人在一起時，快樂值的增幅有很大一部分取決於那些人是誰。如果是和很多我們不熟的人在一起，通常會較不開心；和那些並非出於自己的選擇就進入我們緊密社交圈的人在一起也一樣。

和情人或密友互動時，我們的快樂值會大幅提升，但是和隨便一位老同學、同事或半生不熟的人呢？數據顯示，和這些人互動往往不會讓我們開心。事實上，數據顯示，和一群不是很熟的人在一起，往往還不如獨處來得快樂。或是像喬治．華盛頓（George Washington）傳說中的名言：「糟糕的陪伴不如獨處。」或許如果他活得夠久，活到可以看見現代快樂研究的結果，可能會說：「在零到一百分的量表上，獨處的快樂比被糟糕的人陪伴高〇．八三分。」

## 用社群媒體很開心？其實停用才最開心！

社群媒體會讓我們變得不幸嗎？會。

「快樂人員表」顯示，社群媒體可能會讓我們不開心。我們花費在社群媒體上的時間，不只是和情人或密友這些通常可以讓我們快樂的人互動，也會和關係薄弱（那些往往無法讓我們開心的人）互動。「快樂人員表」也一樣顯示，社群媒體會讓我們不開心。在休閒活動中，社群媒體創造的快樂值敬陪末座。此外，我們還有更多證據佐證這一點。紐約大學和史丹佛大學的研究人員最近進行一項隨機對照實驗，剖析使用臉書的影響。[6]研究人員將受試者分成實驗組和對照組，實驗組的受試者都收到一百零二美元停用臉書四週；*控制組則可以照常生活。

實驗組中有超過九成的人真的停止使用臉書，結果怎麼了？

相較於控制組受試者（維持既有的臉書使用習慣），實驗組受試者（登出臉書）在社群媒體上少花六十分鐘，節省的時間有不少都用來和朋友與家人相處，這些人回報自己變快樂了。停用臉書創造的快樂值增幅，大約是接受個人心理治療的二五%到四〇%。此外，大部分的人在實驗結束後，發現自己真的變開心了。約有八成的人表示，停用臉書對他們來說是好事。實驗過後，他們在下一個月持續減少使用臉書的時間。

* 研究人員會選擇這個數字，是因為那是一般人自述給他多少錢才願意停止使用臉書的平均金額。

當然，我們多數人都沒有收到一百零二美元請我們停用臉書四週，但卻可以從這些領錢停用的人身上學到啟示，就是減少使用臉書或其他類似社群媒體平台的時間。數據告訴我們，使用社群媒體讓我們變得不快樂。

## 觀看運動比賽能帶來快樂嗎？

我真的、真的、真的、真的、真的是運動迷！看到我在前言提到自己對大都會隊的執著，或者我認為本書是「你人生的魔球」，或是本書應該探索人生的九大基本問題，其中一章全部用來探討如何成為世界級運動員，你可能也已經猜到這件事了。

沒錯，我就是一個超級運動迷，一直都是，而且我想以後也都會是。

所以，要我這種已經認證的運動瘋子問出下面這個問題：觀看運動賽事會讓人變得不快樂嗎？對我而言，喜悅度是零。

馬卡龍和薩塞克斯大學教授彼得．多頓（Peter Dolton）做了一項超級重要的研究，這項研究確實讓我重新思考運動在自己人生中扮演的（重大）角色。馬卡龍和多頓想了解運動迷在自己最喜歡的球隊贏或輸掉某場比賽後的幾小時內，快樂程度會受到什麼影響。[7]

馬卡龍和多頓找來好幾支足球隊的球迷，研究這些粉絲平均來說在最喜歡的球隊出賽前、比賽中、比賽後每一分鐘的快樂值。結果如何？

讓我們先談談比賽前的狀況，開賽前幾分鐘，運動迷的快樂值一般會微幅提升（大約是百分量表上的一分）。一般粉絲大概都預期球隊會獲勝，想像著贏球的結果而感到快樂。

接下來，比賽後呢？毫不令人意外地，這要看比賽過程發生什麼事。

如果支持的隊伍贏了，粉絲的快樂值就會進一步提高約三．九分。不賴嘛！到目前為止，當運動迷還不錯，如果支持的隊伍贏得比賽，當運動迷就挺快樂的。

問題是如果你支持的隊伍輸了呢？如果粉絲支持的隊伍輸球，他們的快樂值可能會下跌七．八分。（平手讓粉絲平均增加三．二分的痛苦值。）換句話說，輸球對一般粉絲的傷害遠遠超過贏球帶來的快樂。

看來運動迷做了虧本生意，因為平均而言，一支團隊預期贏球和輸球的次數差不多，因此運動迷預期的痛苦會超過快樂。這些影響非常大，假設某人支持四支隊伍，例如同時支持尼克隊、大都會隊、噴射機隊和德州遊騎兵隊（Texas Rangers），依據「量測快樂」研究結果推算，他在一年內可能會流失六百八十四分的快樂值；換句話說，同時身為四支運動隊伍的粉絲，對一個人心情的影響大約相當於每年多臥病在床二．二天。

這要運動迷如何是好？有什麼方法可以逃離運動陷阱嗎？

一個顯而易見的選項就是，支持比較厲害的球隊。數學似乎是在告訴我們這件事：如果你從勝利取得三．九分的快樂值，從落敗得到七．八分的痛苦，只要你支持的球隊勝率超過六六．七%，支持它們的快樂就會超過痛苦。

我父親曾試著這麼做，他因為支持戰績幾乎永遠奇差無比的大都會隊而長年受挫，終於決定轉而效忠紐約洋基隊（New York Yankees）這支經常打進冠軍賽的隊伍。在一個涼爽的秋日傍晚，父親這麼對我說：「兒子，人生太短了，沒空支持爛隊。」

企業家暨政治家楊安澤在決定要支持哪一支籃球隊時，也做了類似的計算，他原本一輩子都支持尼克隊，後來改支持布魯克林籃網隊（Brooklyn Nets）。「老兄，比尼克隊好多了，[8]經營階層真的是……爛透了。」他接受《富比士》（*Forbes*）雜誌採訪時說。

我父親和楊安澤智勝這個系統了嗎？他們成功躲過馬卡龍和多頓揭發的運動陷阱嗎？並沒有！馬卡龍和多頓進一步拆解數據後發現，運動迷的大腦會自行依據隊伍強弱進行調整，限制他們從強隊獲勝取得的快樂。更準確地說，研究人員發現運動迷支持的團隊如果依照預期應該贏得比賽，勝出時粉絲只會增加三．一分的快樂值，如果輸了則會減損十分的快樂值；換句話說，你支持的隊伍愈厲害，就要贏愈多次才能讓你感到快樂。

你可能已經注意到，很多成癮性的事情都具有類似特質，例如古柯鹼。你嗑愈多藥，再多嗑一點帶來的快樂程度增幅會變少，而且戒斷的痛苦會變得更強烈。

嗑古柯鹼就像支持洋基隊一樣，一支常勝軍必須贏很多次，才能讓你感到快樂，只要哪一次出乎意料地敗北，你就會

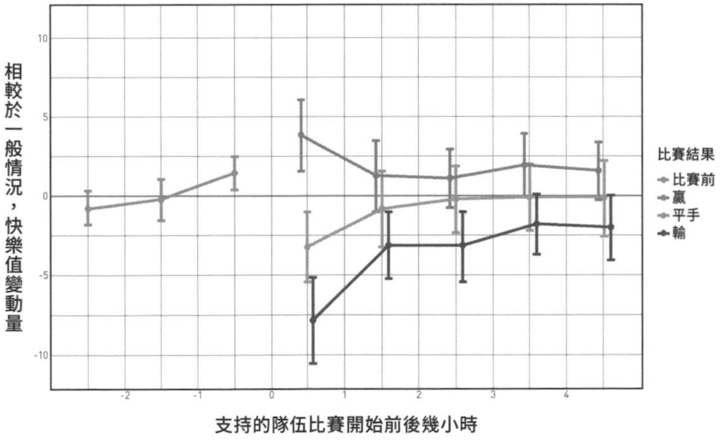


《運動迷的陷阱：勝利的滿足與落敗的痛苦》（*The Sports Fan Trap: The Contentment of Victory, the Agony of Defeat*），馬卡龍很好心地傳來論文初稿中的圖表。

覺得極度痛苦。從研究數據可以推知，我們不可能找到任何一支運動隊伍獲勝的次數，多到可以讓支持者躲過這種快樂與痛苦的運動陷阱。

這是否代表我們這些運動迷應該徹底將運動從人生中剔除？「量測快樂」數據是否等同於那些揭露抽菸會致癌的早期研究？運動賽事是不是要加上衛生署長的警語，提醒我們運動賽事會讓人生變得更加痛苦？

倒也不盡然。

回頭看看前面的「快樂活動表」，你會發現，觀賞運動賽事平均來說其實算是還滿令人開心的體驗，介於休閒嗜好和和寵物玩之間。

從快樂的角度來看，觀賞運動賽事的危險並非來自任何一場單一賽事，而是當我們成為某支隊伍的粉絲時才會出現的危險；換句話說，會有危險是因為我們太在意結果。數據指出，如果我們不那

| | 隊伍預計會贏 | 隊伍預計會輸 |
|---|---|---|
| 勝利後平均快樂值變化 | +3.1 | +7.0 |
| 落敗後平均快樂值變化 | −10.0 | −6.3 |

麼在意結果，就會有較高的機會從觀賞運動賽事裡得到快樂。

觀賞運動賽事時，我們必須更佛系，看比賽時不要太在意結果，就可以好好欣賞世界級運動藝術；相反地，當我們看比賽時很在意勝敗，就會落入陷阱，讓隊伍落敗帶給我們的傷害超過勝利的滋養。

或是讓我們以一句話總結運動世界的數據：多看一些你沒有被圈粉的隊伍比賽。

## 喝酒助興，但要用對的方式

喜劇演員尼爾．布倫南（Neal Brennan）一生都為憂鬱症所苦，有一次共演夥伴戴夫．查普爾（Dave Chappelle）給他一個建議。查普爾告訴布倫南對抗憂鬱的方法：「喝酒就對了。」「但是我不喝，我不喜歡喝酒。」[9]布倫南說。查普爾發現，有很多成年人（雖然不包含他的朋友布倫南）都是用酒精這類物質，治癒成年人生的憂鬱。這麼做明智嗎？

理性的建議當然和查普爾說的正好相反，很多人都被告知要避免攝取各種物質，而是想辦法在沒有人工情緒加強劑的幫助下，找到快樂的方法。多數人都會對酒精成癮，因此對他們來說這無疑是正確的建議，酒精是可以毀了你一生的危險物質。

但如果不是成癮者呢？他們該喝酒嗎？什麼時候該喝？這個議題最終會衍生許多相關的實證問題，喝酒確切會帶來多大的快樂？人在暢飲過後會不會付出代價？像是在之後幾小時或幾天，反而心情更糟？喝酒的心情會受到他們手邊正在進行的其他事情影響嗎？

十年前，要老實回答這些問題的話，答案應該是「不知道」、「不知道」和「不知道」。但是就像許多和快樂相關的議題一樣，「量測快樂」計畫也改變我們對酒精和快樂的關聯性理解。「量測快樂」使用者可以回報自己是否「正在喝酒」和他們有多開心，馬卡龍和共同作者班・柏姆柏格・基格（Ben Baumberg Geiger）研究酒精帶來快樂的數據。[10]

首先，說明不那麼令人意外的結果。同一個人與相同的人一起進行同一項活動時，如果同時喝酒，快樂值大約會增加四分。酒精真的有助興效果。但是，接下來呢？這個人會不會又失去剛剛得來的四分快樂值？週日早晨會把週六晚上的快樂奪走嗎？研究人員追蹤受試者喝酒後的狀況，結果發現，平均前一晚喝酒對隔天早上的心情沒有影響。但是，相較於前一晚沒有喝酒的人，喝過酒的人隔天早上會比較疲憊一點。

研究人員還可以依據不同的活動類別，細分酒精對情緒的提振效果。他們想了解兩件事：哪些活動通常和酒精有相輔相成的效果？針對不同的活動，酒精對快樂值的提振效果分別有多高？

讓我們從第一題開始回答。人最有可能喝酒的時間點，毫無意外就是在社交時。科學家發現一個很驚人的規則，就是人在做一些不管有沒有酒精加持都很有趣的事情時，最有可能同時喝酒；換句話說，大家喝酒是為了把美好的夜晚變成絕妙的夜晚。

再來進入第二題：我們在進行各項活動時，酒精對我們的心情有什麼影響？結果發現，我們在做一些不喝酒就不好玩的活動時，心情會因為喝酒而出現最顯著的提升。

史普林斯汀的演唱會超級好玩，喝不喝酒都很棒；做愛很棒，有沒有酒精都一樣；和朋友聊天很有趣，喝不喝酒都無所謂。但是旅行與通勤如果沒有酒精，往往會糟糕透頂。等待／排隊、盥洗／著裝／梳理也一樣。

**大家喝酒時都在做些什麼？**

| | |
|---|---|
| 談話／聊天／社交 | 49.2% |
| 看電視／電影 | 31.2% |
| 吃飯／吃點心 | 27.9% |
| 聽音樂 | 10.4% |
| 睡覺／休息／放鬆 | 7.4% |

資料來源：基格和馬卡龍（2016）。

研究發現，我們很多人使用酒精的方式都錯了，因為我們喝酒時，同時在做的事情通常都是從酒精上得到最少情緒催化的活動。研究結果也指出，有些反直覺的喝酒策略實際上可以提升你的福祉。

舉例來說，你正在準備今晚要和朋友外出。大部分的人都是維持清醒狀態準備好，出門以後才開始喝酒。但是數據顯示，如果你一邊淋浴，一邊喝酒，準備過程中已經微醺，出門在外時保持清醒，你可能會更開心。你會在準備過程中微醺享受，出門以後清醒著快活。

再舉一個例子，你要去聽音樂會，然後搭乘Uber回家。大部分的人都會在音樂會喝上幾杯酒，在搭車回家這個無聊的行程中逐漸清醒。但是數據顯示，如果你聽音樂會時保持清醒，準備搭上Uber前喝幾杯酒，這個夜晚就會更快樂。你會在音樂會上清醒著享樂，通勤過程中微醺享受。

| 酒精提振效果最大（做這些事情時，喝酒比清醒來得快樂） | 酒精提振效果最小（做這些事情時，喝酒和清醒差不多快樂） |
| --- | --- |
| • 旅行／通勤<br>• 等待／排隊<br>• 睡覺／休息／放鬆<br>• 抽菸<br>• 盥洗／著裝／梳理 | • 親熱／做愛<br>• 看電影／跳舞／音樂會<br>• 談話／聊天／社交<br>• 看電視／電影<br>• 閱讀 |

資料來源：基格和馬卡龍（2016）。

我要再次強調，喝酒有危險性。有些人的一生被酒精毀了，還有想當然耳，不管你是和同事喝酒；一邊淋浴，一邊喝酒；或是在飛機上喝酒，都應該保持謹慎。

因此，我在提供這些建議時要加上重大警語。如果你不是容易成癮的人，酒精可以是很重要的情緒增強劑。此外，你或許應該考慮在做一些原本就很有趣的事情時（像是社交或做愛），少喝一點酒，然後在做一些痛苦又無聊的事情時，多喝一點酒，讓事情不那麼痛苦和無聊。但是面對這個忠告，你當然必須格外謹慎。反直覺、本於數據的情緒提振策略和百分之百成為酒鬼之路，只有一線之隔。

## 擁抱大自然提升快樂值

「在自然環境中更快樂」（Happiness Is Greater in Natural Environments）是馬卡龍和莫拉塔其中一篇論文的標題，內容也是依據「量測快樂」數據所做的分析結果。

這篇論文指出（你看標題可能也猜到了），擁抱大自然是快樂人生重要的一環。[11] 想要開心一點嗎？科學家建議我們，多花一點時間在原野、山林和湖畔，少花一點時間在捷運、會議室和沙發上（當然，在沙發上做愛除外。之前已經提過，做愛是人類可以參與的事情中帶來最大快樂的一項）。科學家要怎麼佐證「大自然令人快樂」呢？

光是看「快樂活動表」就可以知道，身處大自然中與快樂之間存在顯著的關聯性。讓人最快樂的十大活動裡，就有五項（五〇％）通常都是在大自然中進行，包括運動、園藝、賞鳥、打獵／捕魚，以及健行／登山；讓人最不快樂的十項活動裡，十項（一〇〇％）基本上從來不會在大自然中進行。

當然，大自然與快樂之間的**關聯性**本身，無法證明大自然會讓人快樂。或許在大自然中進行的活動會讓人比較開心，其實只是因為這些活動剛好比較有趣，和我們在哪裡做這件事無關。確實那個讓人最難受的活動——臥病在床，不可能在大自然中進行。但是大部分的人就算在自然環境中生病，也會覺得自己很悲慘。如果你在大峽谷的一角躺下看夕陽，但是喉嚨灼熱、肚子痛又頭痛，應該還是會很難受。

不過，研究中有較強的證據支持大自然對快樂的影響具有因果關係。馬卡龍和莫拉塔並非單純比較那些在大自然中做事的人（如五月某個萬里無雲的週六到優勝美地（Yosemite）爬山），與在人造環境中做事的人（如二月某個濕涼的日子臥病在床），這樣做研究一點都無法讓人信服。他們是比較同樣的人在其他條件完全一致的情況下（至少他們有辦法量測的面向全部一致），單純改變環境造成的快樂值差異。

他們是這麼做實驗的。假設週五下午五點只要天氣暖和、出太陽，約翰就會和男性友人一起跑步。在溫暖的晴天裡，某些日子他只在倫敦街道跑步，有時候會去公園跑步，有時候則沿著湖邊跑，研究人員可以比較他在這些情境下的快樂程度。再舉一個例子，假設莎拉每週一下午兩點都有工作會議，平時她都在標準的會議室裡開會，但是某一次她到外面草坪開會，研究人員就可以比較她在這些情境下的快樂值差異。由於「量測快樂」資料庫非常大，他們可以把這個方法套用到許多人身上。

他們怎麼知道某個人是否處於自然環境呢？還記得「量測快樂」只有詢問受試者在做什麼、和誰一起做嗎？並沒有問到活動的地點。這就是iPhone的魔法，它會提供一個人的全球定位系統（GPS）定位，讓研究人員知道受試者所在的經緯度。馬卡龍和莫拉塔可以用全球定位系統定位與另一組數據比對，那一份數據揭露一個國家各個角落的土地覆蓋類型。廢話不多說，以下就是一個人在同一時間做同一件事但地點不同時，快樂值的變化。

如你所見，看完這張表格後，我覺得自己終於在馬卡龍和莫拉塔的大力幫助下，找到可以解決自己問題的祕密，也就是快樂的解答——如果我想獲得滿足，只要多花一點時間在「海與海岸邊」就可以了。剩下唯一一個問題就是：「海與海岸邊」是什麼意思，我完全摸不著頭腦。我也搞不懂什麼是「高沼地」和「石楠荒原」；馬卡龍和莫拉塔發現，這兩個地點也有助於提高快樂值。我用Google查詢，「海與海岸邊」是指海與大洋附近的陸地。雖然馬卡龍和莫拉塔並未研究瀏覽「海與海岸邊」的圖片對快樂值的影

**快樂地理表**

| 土地覆蓋物 | 快樂值增幅<br>（相較於在陸路市區環境） |
|---|---|
| 海與海岸邊 | 6.02 |
| 山地、高沼地和石楠荒原 | 2.71 |
| 林地 | 2.12 |
| 半天然草地 | 2.04 |
| 封閉式農地 | 2.03 |
| 淨水、濕地、河漫灘 | 1.8 |
| 市郊／已開發的郊區 | 0.88 |
| 內陸荒地 | 0.37 |

資料來源：馬卡龍和莫拉塔（2013）。

響，但我還是決定讓大家看一下照片，或許也會給人好心情。

依據維基百科的定義，高沼地和石楠荒原是「排水性良好但不肥沃的酸性土質……特色是開放、矮生的木本植物」。附上它們的照片。

我們該如何理解「土地覆蓋物」對一個人快樂值的影響有多大？讓我們把這些資料與「快樂活動表」做比較。如果你正在開會，快樂值應該會減損一・五分；但假如你在「海與海岸邊」（水邊），就可以提升約四・五分的快樂值，加總起來的快樂程度大概相當於觀賞運動賽事。換句話說，把會議場所從

世界上的快樂場所。
圖片取自Shutterstock。拍攝者：ZoranKrstic。

枯燥的市區會議室改到水邊，就可以把無聊的活動變成尚可的活動！

大自然有一個突出的特質，就是通常很美。「量測快樂」數據也顯示，光是被美的事物環繞，即便不是在自然環境，也可以讓你的心情變好。[12]

詹努奇．伊魯西卡．席瑞辛和(Chanuki Illushka Seresinhe)和共同作者進一步探究這個問題，他們利用一個新網站 ScenicOrNot 的數據做分析，該網站請一群志願者為大英帝國各個美麗的角落評分。

研究人員可以利用「量測快樂」使用者的全球定位系統數據，來看他們身

身處在這樣的環境，可以讓你的快樂值增加2.71分。
圖片取自 Shutterstock。拍攝者：Israel Hervas Bengochea。

處大英帝國的哪個角落，以及那裡有多漂亮。作者群將馬卡龍與莫拉塔考慮的項目全部納入研究中，包括活動類型、時間、同行者、天氣及土地覆蓋物。現在他們可以比較同一個人、在同一時間和相同的人一起做同一件事，氣候相同、場地類型也相同（如海與海岸邊），只有地點的美麗程度不同，心情會有什麼不同。

這個地方獲得「美麗」的評價。在其他條件一致時，受試者自述在這樣的地點快樂值明顯較高。

資料來源：照片由鮑伯・瓊斯（Bob Jones）拍攝。影片依據Creative Commons Attribution-Share Alike 2.0 Generic License授權條款授權重複使用，授權參見http://creativecommons.org/licenses/by-sa/2.0/。

在其他條件一致時，研究人員發現，在景色最美的場所相較於最不美麗的場所可以增加二·八分快樂值。數據帶來的啟示非常清楚，想要更快樂，就要多花一點時間在大自然，並讓自己被美麗的場景環繞。後來，史傑普·德偉瑞斯（Sjerp de Vries）領軍的另一個團隊也證實相同結果，該團隊受到「量測快樂」計畫的啟發，而自行設計手機應用程式HappyHier，發送通知給荷蘭人，並請他們回覆自己有多快樂。[13] 結果發現，人在大自然、海岸邊或水邊時最開心。有趣的是，這些研究人員發現離水近帶來的快樂效果，即使身處室內也適用，或許是因為那樣的景色讓受試者感到開心。

## 晴喜雨悲是真的嗎？

關於環境對我們的影響，還有最後一個關鍵問題：天氣對我們的快樂值有什麼影響？馬卡龍和莫拉塔也分析這件事。這一次，研究人員也是比較同一個人在同一時間做同一件事時，快樂值如何隨著天氣的變化而有所不同。研究結果的大方向並不令人意外，晴天比雨天讓人更開心。（是喔！）溫暖的天氣比冷天讓人開心。（是喔！）

但讓人有些意外的是影響的程度，特別的是，只有最溫暖的天氣才會對我們的快樂值造成特別大的影響。如果氣溫在攝氏二十四度以上，受試者自述的快樂值平均會增加五．一三分。其他天氣的影響相對小，天寒地凍並不會比微冷的天氣讓人感到悲慘許多；下雨天的負面影響也遠比暖天的正面影響來得小。

至少就天氣來看，快樂的重點似乎是在於，盡可能掌握完美天氣帶來的好處，而非避開壞天氣。

比較「快樂天氣表」和其他馬卡龍、莫拉塔及「量測快樂」團隊繪製的

**快樂天氣表**

| 天氣 | 受試者在戶外時，快樂值的變化 |
|---|---|
| 下雪 | 1.02 |
| 出太陽 | 0.46 |
| 起霧 | −1.35 |
| 下雨 | −1.37 |
| 攝氏0度至8度 | −0.51 |
| 攝氏8度至16度 | 0.29 |
| 攝氏16度至24度 | 0.99 |
| 攝氏24度以上 | 5.13 |

資料來源：馬卡龍和莫拉塔（2013）。

圖表，即可發現：一般來說，其他因素對快樂值的影響勝過天氣。[14]舉例來說：

- 即使人在戶外，在攝氏二度的下雨天找朋友出去玩，也比在攝氏二十度的大晴天一個人活動來得快樂。
- 攝氏二度時在湖畔，會比攝氏二十度時在城市裡來得快樂。
- 攝氏二度時喝酒，會比在攝氏二十度時保持清醒來得快樂。
- 攝氏二度的雨天去運動，會比在攝氏二十度的晴天在家耍廢來得快樂。

太棒了，晴天確實可以讓我們變快樂，但是不要過度誇飾天氣的重要性也很重要。天氣本身不會讓你快樂，還得和有辦法讓自己開心的人一起做讓你開心的事才行。

# 結論

# 靠數據覓得的人生解答

讀者們，該來總結這本書了。第八章已介紹「峰終法則」，所以我很清楚自己要好好收尾，因為你對本書的感受會有很大一部分取決於對最後幾個段落的感想。此外，對於那些覺得閱讀本書就像在做大腸鏡檢查一樣的人來說，或許我至少可以把閱讀經驗變得比較接近第八章中病人B的大腸鏡檢查：最後還不差，讓這段經驗在你的記憶中不那麼痛苦。

好，所以我們可以從交友網站、稅務資料、維基條目、Google搜尋及其他大數據來源提供的數據，獲得哪些啟示？

大數據告訴我們，我們對世界運作方式的理解往往與事實不符。

有時候，數據會揭露出徹底反直覺的觀點。例如，典型的有錢美國人是批發飲料配銷公司的老闆，或是特質天差地遠的情侶組合長期而言幸福與否的機率相當。

然而，有時候數據會揭露出「反」反直覺的觀點。這些觀點再合理不過，卻莫名沒有成為常識。在現代生活中，媒體和其他資訊來源提供不具代表性的數據，徹底誤導我們。

這都是馬卡龍、莫拉塔和其他學者的研究揭露的重大啟示，他們的研究主題堪稱人生中最重要的議題：快樂。閱讀那些開創性的現代快樂研究後，我做出結論，就是快樂不如我們所想的複雜。研究指出，那些通常會帶來快樂的事情實在算不上驚人，像是和朋友出去玩，或是到湖邊散步。

但是，當代社會卻試圖誤導我們，去從事那些數據證明（甚至靠一點常識也會知道）較不可能讓自己開心的事。許多人花費好幾年太過拚命地和不喜歡的人一起做自己不喜歡的工作、許多人花費好幾個小時在社群媒體上一一看過最新動態，也有很多人好幾個月都沒有真正花時間接觸大自然。

「量測快樂」數據與類似的計畫告訴我們，如果我們不快樂，就應該自問是不是太少從事那些通常會讓人開心（又不算驚天動地）的活動。

拜讀所有快樂研究後，我問自己有沒有辦法簡單用一句話，概述現代快樂研究帶來的啟示。我想，或許可以把那樣的一句話稱為「靠數據覓得的人生解答」。

大數據針對人生最重要的問題，帶給我們一些啟示，而我們該如何總結那些啟示？人生在世受盡折磨，存在又有什麼意義？拜智慧型手機所賜，我們終於可以透過數百萬筆通知來揭開這道題目的謎底。我們看清了什麼？更廣泛地來說，我們從數據中得出什麼樣的人生解答？

**靠數據覓得的人生解答**是這樣的：你應該在華氏八十度（約攝氏二十六度）的晴天裡，與所愛的人一邊俯瞰美麗的水景，一邊做愛。

# 致謝

我看書時常常先看謝辭，我該不會是唯一一個這麼做的人吧？總之，我希望任何像我一樣的謝辭愛好者會喜歡接下來的內容。

我由衷感謝本書裡提到的所有科學家，感謝他們的研究，也感謝他們和我談論那些研究，特別是巴拉巴西、保羅・伊斯特威克（Paul Eastwick）、弗萊伯格、喬爾、馬卡龍、托多羅夫、雅岡及哲維克，謝謝你們和我討論研究內容。

我對於這些研究的解讀，或許會和研究者本人有所不同。如果想看研究全文，可以參見書末參考文獻。

我還要謝謝安妮・蓋特（Anna Gát）、格林伯格、大衛・克斯藤鮑姆（David Kestenbaum）、盧・柯琳娜・拉坎布拉（Lou Corina Lacambra）及馬隆幫助我蒐集數據與故事，還有研究計畫的合作。

也謝謝科倫・阿皮塞拉（Coren Apicella）、山姆・亞瑟（Sam Asher）、艾瑟特爾・大衛德維茲（Esther Davidowitz）、亞曼達・戈登（Amanda Gordon）、內特・希爾格（Nate Hilger）、馬克西姆・馬斯森科夫（Maxim Massenkoff）、奧蕾莉・烏薩（Aurélie Ouss）、茱莉亞・盧巴利夫斯基亞（Julia Rubalevskaya）、約翰・席林斯（John Sillings）、凱蒂・索波斯奇（Katia Sobolski）、喬爾・史坦（Joel Stein）、史蒂芬斯、羅倫・史蒂芬斯—大衛德維茲（Lauren Stephens-Davidowitz）、諾雅、尤里和珍・揚（Jean Yang）對各個段落提供回饋。

謝謝索拉夫・喬杜里（Sourav Choudhary）和亞當・夏皮若（Adam Shapiro）給我諮詢機會，並且演變成友情，以及讓我完成本書的輕柔敦促。還有赫胥和西塞爾兩家人也是新朋友，以及完成本書的溫柔推力。

至於不那麼溫柔，但有效督促我完成本書的人則是麥特・哈波（Matt Harper），謝謝你。哈波是很棒的編輯，他的苦差事是要讓我能維持專注，而他完美地做到了。

我還要感謝#YouAreFakeNews，提供我無盡的梗圖和激烈政治辯論內容，成為我完成本書的阻礙。

馬爾文·阿科斯塔（Melvis Acosta）真的是天王級事實查核員，他對細節的關注程度極高，我過去不知道人類可以做到這種程度。阿科斯塔針對每一章傳給我好幾頁的校對筆記，如果本書還有任何錯誤，八成都是因為我跳過其中一項。

艾瑞克·盧普弗（Eric Lupfer）依舊是那位面面俱到又有創意的超級經紀人。

我在第二章中提到，父母會影響孩子對自己的想法，而我認為我的父母是世界上最棒的。老爸、老媽，因果關係成功落實了！我想你們對我職涯的幫助之大，應該遠遠高於一般家庭平均值。

第九章介紹的研究提到，人們和家人相處時，平均而言並沒有特別快樂。但是如果「量測快樂」或任何其他經驗抽樣服務抽中我的快樂值做評估，我敢說自己和諾雅、羅倫、馬克、約拿、莎夏，以及其他史蒂芬斯—大衛德維茲—奧斯蒙—弗萊曼—懷爾德—斯克萊亞（Stephens-Davidowitz-Osmond-Fryman-Wild-Sklaire）一族成員相處時，快樂值一定大幅提升。

如果「量測快樂」過去十年來持續追蹤我的情緒變化，就會發現我在和世界上最偉大的治療師里克·魯賓斯（Rick Rubens）合作後，心情出現顯著轉變。魯賓斯，謝謝你幫我度過憂鬱症。

茱莉亞，感謝妳帶給我的一切，妳知道我不懂得表達自己的柔情，但妳一定也知道我有多愛妳。

# 附錄

下表比較各項活動快樂值的預估排名（我和格林伯格一起做的調查結果），與實際排名（布萊森和馬卡龍的研究結果）。排名差值為正的活動，如「看展覽／博物館／圖書館」，帶給人的快樂往往超乎預期；排名差值為負的活動，如「睡覺／休息／放鬆」，帶給人的快樂則經常不如預期。

| 活動 | 受試者預測的快樂值排名 | 實際快樂值排名 | 差值 |
|---|---|---|---|
| 親熱／做愛 | 1 | 1 | 0 |
| 照顧寵物／和寵物玩 | 2 | 15 | −13 |
| 休閒嗜好／美術／手工藝 | 3 | 11 | −8 |
| 談話／聊天／社交 | 4 | 7 | −3 |
| 看電影／舞蹈／音樂會 | 5 | 2 | 3 |
| 唱歌／表演 | 6 | 6 | 0 |
| 睡覺／休息／放鬆 | 7 | 27 | −20 |
| 運動競賽／運動賽事 | 8 | 13 | −5 |
| 電玩／iPhone手遊 | 9 | 20 | −11 |
| 看電視／電影 | 10 | 19 | −9 |
| 賞鳥／賞風景 | 11 | 8 | 3 |
| 吃飯／吃點心 | 12 | 21 | −9 |

| 活動 | 受試者預測的快樂值排名 | 實際快樂值排名 | 差值 |
|---|---|---|---|
| 其他遊戲／猜謎遊戲 | 13 | 16 | −3 |
| 打獵／捕魚 | 14 | 9 | 5 |
| 園藝 | 15 | 5 | 10 |
| 運動／跑步／健身 | 16 | 4 | 12 |
| 育兒／陪小孩玩 | 17 | 14 | 3 |
| 冥想／宗教活動 | 18 | 12 | 6 |
| 閱讀 | 19 | 24 | −5 |
| 逛展覽／博物館／圖書館 | 20 | 3 | 17 |
| 喝茶／咖啡 | 21 | 23 | −2 |
| 上網 | 22 | 29 | −7 |
| 喝酒 | 23 | 10 | 13 |
| 烹飪／備餐 | 24 | 22 | 2 |
| 簡訊／電子郵件／社群媒體 | 25 | 30 | −5 |
| 聽演講／播客 | 26 | 25 | 1 |
| 賭博／博弈 | 27 | 18 | 9 |
| 旅行／通勤 | 28 | 32 | −4 |
| 購物／辦雜事 | 29 | 17 | 12 |
| 照顧或協助成年人 | 30 | 36 | −6 |
| 盥洗／著裝／梳理 | 31 | 26 | 5 |
| 抽菸 | 32 | 28 | 4 |
| 工作／讀書 | 33 | 37 | −4 |
| 會議／研討會／上課 | 34 | 33 | 1 |
| 行政庶務／財務／組織 | 35 | 34 | 1 |
| 家事／家務／ DIY | 36 | 31 | 5 |
| 等待／排隊 | 37 | 35 | 2 |
| 臥病在床 | 38 | 38 | 0 |

資料來源：馬卡龍和莫拉塔（2013）。

# 參考文獻

## 前言


1 魯德著，林俊宏譯，《我們是誰？大數據下的人類行為觀察學》(*Dataclysm: Who We Are When We Think No One's Looking*)，馬可孛羅，二〇二二年一月。

2 Samuel P. Fraiberger et al., "Quantifying reputation and success in art," *Science* 362(6416) (2018): 825–29.

3 路易士著，游宜樺譯，《魔球：逆境中致勝的智慧》(*Moneyball: The Art of Winning an Unfair Game*)，早安財經，二〇一四年九月。

4 Jared Diamond, "How to succeed in baseball without spending money," *Wall Street Journal*, October 1, 2019.

5 Ben Dowsett, "How shot-tracking is changing the way basketball players fix their game,"

*FiveThirtyEight*, August 16, 2021, https://fivethirtyeight.com/features/how-shot-tracking-is-changing-the-way-basketball-players-fix-their-game/.

6 Douglas Bowman, "Goodbye, Google," https://stopdesign.com/archive/2009/03/20/goodbye-google.html, March 20, 2009.

7 Alex Horn, "Why Google has 200m reasons to put engineers over designers," *Guardian*, February 5, 2014.

8 "Are we better off with the internet?" YouTube, uploaded by the Aspen Institute, July 1, 2012, https://www.youtube.com/watch?v=djVrLNaFvIo.

9 古格里・祖克曼（Gregory Zuckerman）著，林錦慧譯，《洞悉市場的人：量化交易之父吉姆・西蒙斯與文藝復興公司的故事》（*The Man Who Solved the Market*），天下文化，二〇二〇年五月。

10 Amy Whyte, "Famed Medallion fund 'stretches . . . explanation to the limit,' professor claims," *Institutional Investor*, January 26, 2020, https://www.institutionalinvestor.com/article/b1k2fymby99nj0/Famed-Medallion-Fund-Stretches-Explanation-to-the-Limit-Professor-Claims.

11 更多「量測快樂」詳情，參見 http://www.mappiness.org.uk。

12 Rob Arthur and Ben Lindbergh, "Yes, the infield shift works. Probably," June 30, 2016, https://fivethirtyeight.com/features/yes-the-infield-shift-works-probably/.

13 品克著，許恬寧譯，《未來在等待的銷售人才》（*To Sell is Human: The Surprising Truth about Moving Others*），大塊文化，二〇一三年四月。

14 Neeraj Bharadwaj et al., "EXPRESS: A New Livestream Retail Analytics Framework to Assess the Sales Impact of Emotional Displays," *Journal of Marketing*, September 30, 2021.

15 Google搜尋自述陰莖尺寸的資訊，參見https://trends.google.com/trends/explore?date=all&q=my%20penis%20is%205%20inches,my%20penis%20is%204%20inches,my%20penis%20is%203%20inches,my%20penis%20is%206%20inches,my%20penis%20is%207%20inches。

16 Ariana Orwell, Ethan Kross, and Susan A. Gelman, "'You' speaks to me: Effects of generic-you in creating resonance between people and ideas," *PNAS* 117(49) (2020): 31038–45.

17 https://en.wikipedia.org/wiki/List_of_best-selling_books.

18 Matthew Smith, Danny Yagan, Owen Zidar, and Eric Zwick, "Capitalists in the Twenty-First Century," *Quarterly Journal of Economics* 134(4) (2019): 1675–1745.

19 Pierre Azoulay, Benjamin F. Jones, J. Daniel Kim, and Javier Miranda, "Age and High-Growth Entrepreneurship," *American Economic Review* 2(1) (2020): 65–82.

20 同上。

21 同上。

22 同上。

23 哈拉瑞著，林俊宏譯，《人類大命運：從智人到神人》（*Homo Deus: A Brief History of Tomorrow*），天下文化，二〇一七年一月。

24 "Yuval Noah Harari. Organisms Are Algorithms. Body Is Calculator. Answer=Sensation~Feeling~Vedan?," YouTube, uploaded by Rashid Kapadia, June 13, 2020, http://www.youtube.com/watch?v=GrQ7nY-vevY.

25 康納曼著，洪蘭譯，《快思慢想》（*Thinking, Fast and Slow*），天下文化，二〇一八年二月。

## 第一章

1 https://www.wesmoss.com/news/why-who-you-marry-is-the-most-important-decision-you-make/.

2 Harry T. Reis, "Steps toward the ripening of relationship science," *Personal Relationships* 14 (2007): 1–23.

3 Samantha Joel et al., "Machine learning uncovers the most robust self-report predictors of relationship quality across 43 longitudinal couples studies," *PNAS* 117(32): 19061–71.

4 研究團隊檢視的變數清單，參見 https://osf.io/8fzku/ 上的檔案——Master Codebook With

Theoretical Categorization, Final.xlsx。這個檔案歸類在「Master Codebook with Theoretical Categorization」底下，謝謝喬爾指引我找到這份檔案。

5 https://www.psychology.uwo.ca/pdfs/cvs/Joel.pdf.

6 我在二〇二〇年九月二十四日透過Zoom採訪喬爾。

7 Ed Newton-Rex, "59 impressive things artificial intelligence can do today," *Business Insider*, May 7, 2017, https://www.businessinsider.com/artificial-intelligence-ai-most-impressive-achievements-2017-3#security-5.

8 Bernard Marr, "13 mind-blowing things artificial intelligence can already do today," *Forbes*, November 11, 2019, https://www.forbes.com/sites/bernardmarr/2019/11/11/13-mind-blowing-things-artificial-intelligence-can-already-do-today/#4736a3c76502.

9 Jon Levy, David Markell, and Moran Cerf, "Polar Similars: Using massive mobile dating data to predict synchronization and similarity in dating preferences," *Frontiers in Psychology* 10 (2019).

10 "What are single women's biggest complaints about online dating sites?" *Quora*, https://www.quora.com/What-are-single-womens-biggest-complaints-about-online-dating-sites; http://www.quora.com/What-disappointments-do-men-have-with-online-dating-sites.

11 Harold T. Christensen, "Student views on mate selection," *Marriage and Family Living* 9(4) (1947):

85–88.

12 Günter J. Hitsch, Ali Hortaçsu, and Dan Ariely, "What makes you click?—Mate preferences in online dating," *Quantitative Marketing and Economics* 8(4) (2010): 393–427. See Table 5.2.

13 同上。

14 https://www.gwern.net/docs/psychology/okcupid/howyourraceaffectsthemessagesyouget.html.

15 Hitsch, Hortaçsu, and Ariely, "What makes you click?"

16 同上。

17 這項研究結果曾在Daily Mail Reporter專欄上受到討論。"Why Kevins don't get girlfriends: Potential partners less likely to click on 'unattractive names' on dating websites," DailyMail.com, January 2, 2012, https://www.dailymail.co.uk/news/article-2081166/Potential-partners-likely-click-unattractive-names-dating-websites.html. 學術研究來源是Jochen E. Gebauer, Mark R. Leary, and Wiebke Neberich, "Unfortunate first names: Effects of name-based relational devaluation and interpersonal neglect," *Social Psychological and Personality Science* 3(5) (2012): 590–96.

18 Emma Pierson, "In the end, people may really just want to date themselves," *FiveThirtyEight*, April 9, 2014, https://fivethirtyeight.com/features/in-the-end-people-may-really-just-want-to-date-themselves/.

19 Levy, Markell, and Cerf, "Polar Similars."
20 用不同變數預測關係幸福程度的成功率，可見於喬爾等人（二〇二〇）的Table 3、Table S4及Table S5。
21 Alex Speier, "The transformation of Kevin Youkilis," *WEEI*, March 18, 2009.
22 Paul W. Eastwick and Lucy L. Hunt, "Relational mate value: consensus and uniqueness in romantic evaluations," *Journal of Personality and Social Psychology* 106(5) (2014): 728.

## 第二章

1 Nehal Aggarwal, "Parents make 1,750 tough decisions in baby's first year, survey says," *The Bump*, July 9, 2020, https://www.thebump.com/news/tough-parenting-decisions-first-year-baby-life.
2 Allison Sadlier, "Americans with kids say this is the most difficult age to parent," *New York Post*, April 7, 2020.
3 Jessica Grose, "How to discipline without yelling or spanking," *New York Times*, April 2, 2019.
4 Wendy Thomas Russell, "Column: Why you should never use timeouts on your kids," *PBS NewsHour*, April 28, 2016.

5 Rebecca Dube, "Exhausted new mom's hilarious take on 'expert' sleep advice goes viral," *Today*, April 23, 2013, https://www.today.com/moms/exhausted-new-moms-hilarious-take-expert-sleep-advice-goes-viral-6C9559908.

6 所有薪資中位數資料都取自美國勞工統計局發布的職業就業指南（Occupational Outlook Handbook），參見https://www.bls.gov/ooh/。

7 「我想送兒子去上舞蹈課（像芭蕾之類的），但我擔心他會因為那是『女孩子的事情』被霸凌，也擔心他可能會變成同性戀。我該怎麼做？」*Quora*, http://www.quora.com/I-want-to-enroll-a-boy-in-dance-class-ballet-etc-but-I-fear-he-could-be-bullied-because-its-a-%E2%80%9Cgirl-thing-and-also-that-he-might-become-gay-What-should-I-do.

8 有許多文章曾討論兩人的故事，包括Edwin Chen, "Twins reared apart: A living lab," *New York Times*, December 9, 1979。

9 Steve Lohr, "Creating Jobs: Apple's founder goes home again," *New York Times Magazine*, January 12, 1997.

10 霍特夫婦的故事，參見https://www.holtinternational.org/pas/adoptee/korea-2-adoptees/background-historical-information-korea-all/。

11 Bruce Sacerdote, "How large are the effects from changes in family environment? A study of Korean

American adoptees," *The Quarterly Journal of Economics* 122(1) (2007): 119–57.

12 Andrew Prokop, "As Trump takes aim at affirmative action, let's remember how Jared Kushner got into Harvard," *Vox*, July 6, 2018, https://www.vox.com/policy-and-politics/2017/8/2/16084226/jared-kushner-harvard-affirmative-action.

13 Michael S. Kramer et al., "Effects of prolonged and exclusive breastfeeding on child height, weight, adiposity, and blood pressure at age 6.5 y: Evidence from a large randomized trial," *American Journal of Clinical Nutrition* 86(6) (2007): 1717–21.

14 Matthew Gentzkow and Jesse M. Shapiro, "Preschool television viewing and adolescent test scores: Historical evidence from the Coleman Study," *Quarterly Journal of Economics* 123(1) (2008): 279–323.

15 John Jerrim et al., "Does teaching children how to play cognitively demanding games improve their educational attainment? Evidence from a randomized controlled trial of chess instruction in England," *Journal of Human Resources* 53(4) (2018): 993–1021.

16 Hilde Lowell Gunnerud et al., "Is bilingualism related to a cognitive advantage in children? A systematic review and meta-analysis," *Psychological Bulletin* 146(12) (2020): 1059.

17 Jan Burkhardt and Cathy Brennan, "The effects of recreational dance interventions on the health and well-being of children and young people: A systematic review," *Arts & Health* 4(2) (2012): 148–61.

18 "Acceptance Speech | Senator Bob Dole | 1996 Republican National Convention," YouTube, uploaded by Republican National Convention, March 25, 2016, https://www.youtube.com/watch?v=rYft9qxoLSo.

19 Seth Stephens-Davidowitz, "The geography of fame," *New York Times*, March 13, 2014.

20 在不同都會區成長對孩子的因果性影響資料，參見http:// www.equality-of-opportunity.org/neighborhoods/。

21 Raj Chetty et al., "The Opportunity Atlas: Mapping the childhood roots of social mobility," NBER Working Paper 25147, October 2018.

22 在論文的其中一段，作者們提到，當一個人口普查區的平均收入提升一個標準差，即指平均家戶所得提高二一%，且該影響有六二%是社區造成的因果性影響。

23 如果父母對收入的整體影響的標準差，是社區對收入影響的標準差的兩倍，則父母對收入整體影響的變異數，就會是社區對收入影響的變異數的四倍。

24 以人口普查區為單位，社區、特質與向上移動性之間的關聯性，可以參見切帝等人（二〇一八）線上附錄的Figure V和Figure II。這幾張圖表並不包含師生比和學校經費的數據，那些數據是切帝和亨德倫在另一項研究中所做的郡級估算。Raj Chetty and Nathaniel Hendren, "The impacts of neighborhoods on intergenerational mobility II: county-level estimates," *Quarterly Journal*

*of Economics* 133(3): 1163–28. 預估值參見 Table A.12 和 Table A.14。

25 Alex Bell et al., "Who becomes an inventor in America? The importance of exposure to innovation," *Quarterly Journal of Economics* 134(2) (2019): 647–713.

26 Raj Chetty et al., "Race and economic opportunity in the United States: An intergenerational perspective," *Quarterly Journal of Economics* 135(2) (2019): 711–83.

## 第三章

1 David Epstein, "Are athletes really getting faster, better, stronger?" TED2014, https://www.ted.com/talks/david_epstein_are_athletes_really_getting_faster_better_stronger/transcript?language=en#t-603684.

2 歐陸克的故事出自 Jason Notte, "Here are the best sports for a college scholarship," *Marketwatch.com*, November 7, 2018。

3 Christiaan Monden et al., "Twin Peaks: more twinning in humans than ever before," *Human Reproduction* 36(6) (2021): 1666–73.

4 許多文章都曾介紹雙胞胎節，包括 Brandon Griggs, "Seeing double for science," *CNN*, August 2017。

5 David Cesarini et al., "Heritability of cooperative behavior in the trust came," *PNAS* 105(10) (2008): 3721–26.

6 Paul M. Wise et al., "Twin study of the heritability of recognition thresholds for sour and salty tastes," *Chemical Senses* 32(8) (2007): 749–54.

7 Harriet A. Ball et al., "Genetic and environmental influences on victims, bullies and bully-victims in childhood," *Journal of Child Psychology and Psychiatry* 49(1) (2008): 104–12.

8 Irene Pappa et al., "A genome-wide approach to children's aggressive behavior," *American Journal of Medical Genetics* 171(5) (2016): 562–72.

9 哪些雙胞胎是同卵雙胞胎，是我依據新聞文章資料做的估算。史蒂芬和喬伊到底是同卵還是異卵雙胞胎，資料有矛盾；卡爾．湯瑪斯（Carl Thomas）和查爾斯．湯瑪斯（Charles Thomas）是同卵還是異卵雙胞胎無從得知。因此，我透過LinkedIn聯繫查爾斯，他回覆表示他們是同卵雙胞胎。謝謝查爾斯！

10 這個數字當然會因年分而異，但也可以透過比對美國某一年度的總出生數，與同年在美國出生的ＮＢＡ球員人數得知。舉例而言，一九九〇年美國約有四百二十萬嬰兒出生，約一半是男性；同年在美國出生的ＮＢＡ球員則有六十四人。

11 我已把程式碼放上個人網站sethsd.com，歸類在「Twins Simulation Model」區。

12 Jeremy Woo, "The NBA draft guidelines for scouting twins," *Sports Illustrated*, March 21, 2018.

13 奧運選手的人數估算全部取自維基百科。

## 第四章

1 Katherine Long, "Seattle man's frugal life leaves rich legacy for 3 institutions," *Seattle Times*, November 26, 2013.

2 Rachel Deloache Williams, "My bright-lights misadventure with a magician of Manhattan," *Vanity Fair*, April 13, 2018.

3 Steve Berkowitz, "Stanford football coach David Shaw credited with more than $8.9 million in pay for 2019," *USA Today*, August 4, 2021.

4 Nick Maggiulli (@dollarsanddata)，「二、沒有像老闆那樣思考：你知道史上最富有的國家美式足球聯盟球員是誰嗎？不是湯姆．布雷迪（Tom Brady）、培頓．曼寧（Peyton Manning）或約翰．馬登（John Madden），而是傑瑞．理查德森（Jerry Richardson）。沒聽過？我也沒有。他透過獲得哈迪斯（Hardees）特許經營權而致富，而不是透過在國家美式足球聯盟打球。成為老闆，而且要像老闆一樣思考。」二〇二一年二月八日，下午十二點三十分推文。

5 Tian Luo and Philip B. Stark, "Only the bad die young: Restaurant mortality in the Western US," arXiv: 1410.8603, October 31, 2014.

6 這個圖表取自Smith, Yagan, Zidar, and Zwick, "Capitalists in the Twenty-First Century."的線上附錄。引用數據擷取自http://www.ericzwick.com/capitalists/capitalists_appendix.pdf中的Table J.3。謝謝哲維克指引我找到這份資料。

7 此處包含小型企業股份公司與合夥公司的有錢老闆。

## 第五章

1 許多文章都曾介紹法戴爾的故事，包括Seema Jayachandran, "Founders of successful tech companies are mostly middle-aged," *New York Times*, September 1, 2019。

2 The Tim Ferriss Show #403, "Tony Fadell—On Building the iPod, iPhone, Nest, and a Life of Curiosity," December 23, 2019.

3 Corinne Purtill, "The success of whiz kid entrepreneurs is a myth," *Quartz*, April 24, 2018.

4 Lawrence R. Samuel, "Young people are just smarter," *Psychology Today*, October 2, 2017.

5 "Surge in teenagers setting up businesses, study suggests," https://www.bbc.com/news/

newsbeat-50938854.

6 Carina Chocano, "Suzy Batiz' empire of odor," *New Yorker*, November 4, 2019; Liz McNeil, "How Poo-Pourri founder Suzy Batiz turned stinky bathrooms into a $240 million empire," *People*, July 9, 2020.

7 艾普斯坦著，林力敏、張家綺、葉婉智、姚怡平譯，《跨能致勝：顛覆1萬小時打造天才的迷思，最適用於AI世代的成功法》（*Range: Why Generalists Triumph in a Specialized World*），采實文化，二〇二〇年七月。

8 Paul Graham, "The power of the marginal," paulgraham.com, http://www.paulgraham.com/marginal.html.

9 Joshua Kjerulf Dubrow and Jimi Adams, "Hoop inequalities: Race, class and family structure background and the odds of playing in the National Basketball Association," *International Review for the Sociology of Sport* 45(3): 251–57; Seth Stephens-Davidowitz, "In the N.B.A., ZIP code matters," *New York Times*, November 3, 2013.

10 Seth Stephens-Davidowitz, "Why are you laughing?" *New York Times*, May 15, 2016.

11 Matt Brown, Jonathan Wai, and Christopher Chabris, "Can you ever be too smart for your own good? Comparing linear and nonlinear effects of cognitive ability on life outcomes," PsyArXiv Preprints, January 30, 2020.

# 第六章


1 許多文章都曾介紹Airbnb的故事，包括蓋勒格著，洪慧芳譯，《Airbnb創業生存法則：多次啟動、敏捷應變、超速成長的新世代商業模式》（*The Airbnb Story: How Three Ordinary Guys Disrupted an Industry, Made Billions... and Created Plenty of Controversy*），天下雜誌，二〇一八年三月。

2 Tad Friend, "Sam Altman's manifest destiny," *New Yorker*, October 3, 2016.

3 Jim Collins, *Great by Choice (Good to Great)* (New York: Harper Business, 2011).

4 Corrie Driebusch, Maureen Farrell, and Cara Lombardo, "Airbnb plans to file for IPO in August," *Wall Street Journal*, August 12, 2020.

5 Bobby Allyn and Avie Schneider, "Airbnb now a $100 Billion company after stock market debut sees stock price double," *NPR*, December 10, 2020.

6 巴拉巴西著，林俊宏譯，《成功竟然有公式：大數據科學揭露成功的祕訣》（*The Formula: The Universal Laws of Success*），天下文化，二〇一九年十月。

7 Gene Weingarten, "Pearls Before Breakfast: Can one of the nation's great musicians cut through the fog of a D.C. rush hour? Let's find out," *Washington Post*, April 8, 2007.

8 R. A. Scotti, *Vanished Smile* (New York: Vintage, 2009).

9 https://www.beervanablog.com/beervana/2017/11/16/the-da-vinci-effect.

10 Caryn James, "Where is the world's most expensive painting?," BBC.com, August 19, 2021, https://www.bbc.com/culture/article/20210819-where-is-the-worlds-most-expensive-painting.

11 Fraiberger et al., "Quantifying reputation and success in art."

12 弗萊柏格很好心地提供資料集中特定藝術家的展出時程。

13 "The Promised Land (Introduction Part 1) (Springsteen on Broadway - Official Audio)," YouTube, uploaded by Bruce Springsteen, December 14, 2018, https://www.youtube.com/watch?v=omuusrmb6jo&list=PL9tY0BWXOZFs9l_PMss5AB8SD38lFBLwp&index=12.

14 Dean Keith Simonton, "Creativity as blind variation and selective retention: Is the creative process Darwinian?," *Psychological Inquiry* 10 (1999): 309–28.

15 《巴布狄倫‥迷途之家》（*No Direction Home*），馬丁．史科西斯（Martin Scorsese）執導，派拉蒙影業（Paramount Pictures），二〇〇五年。

16 Aaron Kozbelt, "A quantitative analysis of Beethoven as self-critic: Implications for psychological theories of musical creativity," *Psychology of Music* 35 (2007): 144–68.

17 Louis Masur, "*Tramps Like Us: The birth of Born to Run*," Slate, September 2009, https://slate.com/

culture/2009/09/born-to-run-the-groundbreaking-springsteen-album-almost-didnt-get-released.html.

18 Elizabeth E. Bruch and M. E. J. Newman, "Aspirational pursuit of mates in online dating markets," *Science Advances* 4(8) (2018).

19 Derek A. Kraeger et al., " 'Where have all the good men gone?' Gendered interactions in online dating," *Journal of Marriage and Family* 76(2) (2014): 387–410.

20 Kevin Poulsen, "How a math genius hacked OkCupid to find true love," *Wired*, January 21, 2014. 麥克金雷在自己的著作中曾提及這則故事。麥克金雷著作 *Optimal Cupid: Mastering the Hidden Logic of OkCupid* (CreateSpace Independent Publishing Platform, 2014)。

21 Jason D. Fernandes et al., "Research culture: A survey-based analysis of the academic job market," *eLife Sciences*, June 12, 2020.

## 第七章

1 Alexander Todorov, *Face Value* (Princeton, NJ: Princeton University Press, 2017). 我也在二〇一九年五月七日採訪托羅多夫。

2 Alexander Todorov et al., "Inferences of competence from faces predict election outcomes," *Science*

308(5728) (2005): 1623–26.

3 Ulrich Mueller and Allan Mazur, "Facial dominance of West Point cadets as a predictor of later military rank," *Social Forces* 74(3) (1996): 823–50.

4 Alexander Todorov and Jenny M. Porter, "Misleading first impressions: Different for different facial images of the same person," *Psychological Science* 25(7) (2014): 1404–17.

## 第八章

1 Dan Gilbert et al., "Immune neglect: A source of durability bias in affective forecasting," *Journal of Personality and Social Psychology* 75(3) (1998): 617–38.

2 "What is it like to be denied tenure as a professor?," *Quora*, https://www.quora.com/What-is-it-like-to-be-denied-tenure-as-a-professor.

3 Donald A. Redelmeier and Daniel Kahneman, "Patients' memories of painful medical treatments: Real-time and retrospective evaluations of two minimally invasive procedures," *Pain* 66(1) (1996): 3–8.

## 第九章


1 Erik Brynjolfsson, Avinash Collis, and Felix Eggers, "Using massive online choice experiments to measure changes in well-being," *PNAS* 116(15) (2019): 7250–55.

2 美國社會概況調查數據，參見https://gssdataexplorer.norc.org/trends/Gender%20&%20Marriage?measure=happy。

3 Matthew A. Killingsworth, "Experienced well-being rises with income, even above $75,000 per year," *PNAS* 118(4) (2021).

4 Xianglong Zeng et al., "The effect of loving-kindness meditation on positive emotions: A meta-analytic review," *Frontiers in Psychology* 6 (2015): 1693.

5 Alex Bryson and George MacKerron, "Are you happy while you work?" *Economic Journal* 127(599) (2016): 106–25.

6 Hunt Allcott et al., "The welfare effects of social media," *American Economic Review* 110(3) (2020): 629–76.

7 Peter Dolton and George MacKerron, "Is football a matter of life or death—or is it more important than that?," National Institute of Economic and Social Research Discussion Papers 493, 2018.

8 Sean Deveney, "Andrew Yang brings his hoop game, 2020 campaign to A.N.H. gym for new series," https://www.forbes.com/sites/seandeveney/2019/10/14/andrew-yang-2020-campaign-new-hampshire-luke-bonner/?sh=73927bbf1e47.

9 "Comedians Tackling Depression & Anxiety Makes Us Feel Seen," YouTube, uploaded by Participant, https://www.youtube.com/watch?v=TBV-7_qGlr4&t=691s.

10 Ben Baumberg Geiger and George MacKerron, "Can alcohol make you happy? A subjective wellbeing approach," *Social Science & Medicine* 156 (2016): 184–91.

11 George MacKerron and Susana Mourato, "Happiness is greater in natural environments," *Global Environmental Change* 23(5) (2013): 992–1000.

12 Chanuki Illushka Seresinhe et al., "Happiness is greater in more scenic locations," *Scientific Reports* 9 (2019): 4498.

13 Sjerp de Vries et al., "In which natural environments are people happiest? Large-scale experience sampling in the Netherlands," *Landscape and Urban Planning* 205 (2021).

14 所有快樂值的比較結果，都是作者依據https://eprints.lse.ac.uk/49376/1/Mourato_Happiness_greater_natural_2013.pdf檔案中，Table 2的數據計算得出。

新商業周刊叢書 BW0806

# 數據、真相與人生

## 前Google資料科學家用大數據，找出致富、職涯與婚姻的人生解答

原文書名／Don't Trust Your Gut: Using Data to Get What You Really Want in Life
作　　者／賽斯・史蒂芬斯—大衛德維茲（Seth Stephens-Davidowitz）
譯　　者／李立心、李力行
企劃選書／黃鈺雯
責任編輯／黃鈺雯
編輯協力／蘇淑君
版　　權／吳亭儀、林易萱、江欣瑜、顏慧儀
行銷業務／周佑潔、林秀津、黃崇華、賴正祐

總 編 輯／陳美靜
總 經 理／彭之琬
事業群總經理／黃淑貞
發 行 人／何飛鵬
法律顧問／台英國際商務法律事務所
出　　版／商周出版　臺北市中山區民生東路二段141號9樓
電話：(02)2500-7008　傳真：(02)2500-7759
E-mail：bwp.service@cite.com.tw
發　　行／英屬蓋曼群島商家庭傳媒股份有限公司　城邦分公司
台北市104民生東路二段141號2樓
電話：(02)2500-0888　傳真：(02)2500-1938
讀者服務專線：0800-020-299　24小時傳真服務：(02)2517-0999
讀者服務信箱：service@readingclub.com.tw
劃撥帳號：19833503
戶名：英屬蓋曼群島商家庭傳媒股份有限公司城邦分公司
香港發行所／城邦（香港）出版集團有限公司
香港灣仔駱克道193號東超商業中心1樓
電話：(825)2508-6231　傳真：(852)2578-9337
E-mail：hkcite@biznetvigator.com
馬新發行所／城邦（馬新）出版集團
Cite (M) Sdn Bhd
41, Jalan Radin Anum, Bandar Baru Sri Petaling,
57000 Kuala Lumpur, Malaysia.
電話：(603)9057-8822　傳真：(603)9057-6622　email: cite@cite.com.my

國家圖書館出版品預行編目(CIP)數據

數據、真相與人生：前Google資料科學家用大數據，找出致富、職涯與婚姻的人生解答/賽斯.史蒂芬斯-大衛德維茲(Seth Stephens-Davidowitz)著；李立心，李力行譯. -- 初版. -- 臺北市：商周出版：英屬蓋曼群島商家庭傳媒股份有限公司城邦分公司發行，民111.08
面；　公分. --(新商業周刊叢書；BW0806)
譯自：Don't trust your gut : using data to get what you really want in life.

ISBN 978-626-318-351-3（平裝）

1.CST: 策略管理 2.CST: 大數據 3.CST: 資料探勘

494.1　　111009644

封面設計／陳文德　內文設計暨排版／無私設計・洪偉傑　印　刷／鴻霖印刷傳媒股份有限公司
經 銷 商／聯合發行股份有限公司　電話：(02)2917-8022　傳真：(02) 2911-0053
地址：新北市231新店區寶橋路235巷6弄6號2樓

ISBN／978-626-318-351-3（紙本）　978-626-318-350-6（EPUB）
定價／480元（紙本）　335元（EPUB）



2022年（民111年）8月初版


城邦讀書花園
www.cite.com.tw

商周出版

| 廣　告　回　函 |
| --- |
| 北區郵政管理登記證 |
| 北臺字第10158號 |
| 郵資已付，免貼郵票 |

10480　台北市民生東路二段141號9樓

英屬蓋曼群島商家庭傳媒股份有限公司城邦分公司　收

請沿虛線對摺，謝謝！

商周出版

書號：BW0806　　書名：數據、真相與人生

請於此處用膠水黏貼

商周出版

# 讀者回函卡

**感謝您購買我們出版的書籍！請費心填寫此回函卡，我們將不定期寄上城邦集團最新的出版訊息。**

不定期好禮相贈！
立即加入：商周出版
Facebook 粉絲團

姓名：＿＿＿＿＿＿＿＿＿＿＿＿＿＿＿＿＿＿ 性別：☐男 ☐女

生日：西元＿＿＿＿＿＿＿＿年＿＿＿＿＿＿＿＿月＿＿＿＿＿＿＿＿日

地址：＿＿＿＿＿＿＿＿＿＿＿＿＿＿＿＿＿＿＿＿＿＿＿＿＿＿

聯絡電話：＿＿＿＿＿＿＿＿＿＿＿＿ 傳真：＿＿＿＿＿＿＿＿＿＿＿＿

E-mail ：

學歷：☐ 1. 小學 ☐ 2. 國中 ☐ 3. 高中 ☐ 4. 大學 ☐ 5. 研究所以上

職業：☐ 1. 學生 ☐ 2. 軍公教 ☐ 3. 服務 ☐ 4. 金融 ☐ 5. 製造 ☐ 6. 資訊
☐ 7. 傳播 ☐ 8. 自由業 ☐ 9. 農漁牧 ☐ 10. 家管 ☐ 11. 退休
☐ 12. 其他＿＿＿＿＿＿＿＿＿＿＿＿＿＿＿＿＿＿＿＿＿＿

您從何種方式得知本書消息？

☐ 1. 書店 ☐ 2. 網路 ☐ 3. 報紙 ☐ 4. 雜誌 ☐ 5. 廣播 ☐ 6. 電視
☐ 7. 親友推薦 ☐ 8. 其他＿＿＿＿＿＿＿＿＿＿＿＿＿＿＿＿

您通常以何種方式購書？

☐ 1. 書店 ☐ 2. 網路 ☐ 3. 傳真訂購 ☐ 4. 郵局劃撥 ☐ 5. 其他＿＿＿＿

您喜歡閱讀那些類別的書籍？

☐ 1. 財經商業 ☐ 2. 自然科學 ☐ 3. 歷史 ☐ 4. 法律 ☐ 5. 文學
☐ 6. 休閒旅遊 ☐ 7. 小說 ☐ 8. 人物傳記 ☐ 9. 生活、勵志 ☐ 10. 其他

對我們的建議：＿＿＿＿＿＿＿＿＿＿＿＿＿＿＿＿＿＿＿＿＿＿
＿＿＿＿＿＿＿＿＿＿＿＿＿＿＿＿＿＿＿＿＿＿＿＿＿＿＿＿
＿＿＿＿＿＿＿＿＿＿＿＿＿＿＿＿＿＿＿＿＿＿＿＿＿＿＿＿

【為提供訂購、行銷、客戶管理或其他合於營業登記項目或章程所定業務之目的，城邦出版人集團（即英屬蓋曼群島商家庭傳媒（股）公司城邦分公司、城邦文化事業（股）公司），於本集團之營運期間及地區內，將以電郵、傳真、電話、簡訊、郵寄或其他公告方式利用您提供之資料（資料類別：C001、C002、C003、C011 等）。利用對象除本集團外，亦可能包括相關服務的協力機構。如您有依個資法第三條或其他需服務之處，得致電本公司客服中心電話 02-25007718 請求協助。相關資料如為非必要項目，不提供亦不影響您的權益。】

1.C001 辨識個人者：如消費者之姓名、地址、電話、電子郵件等資訊。
2.C002 辨識財務者：如信用卡或轉帳帳戶資訊。
3.C003 政府資料中之辨識者：如身分證字號或護照號碼（外國人）。
4.C011 個人描述：如性別、國籍、出生年月日。

請於此處用膠水黏貼